U1070552

挥发性有机物污染控制系列丛书

工业企业涉 VOCs 多点散发源及监测分析等研究与实践

黄敏超　蔡　梅　等 编著

中国环境出版集团 · 北京

图书在版编目（CIP）数据

工业企业涉 VOCs 多点散发源及监测分析等研究与实践/黄敏超等编著. —北京：中国环境出版集团，2022.12
（挥发性有机物污染控制系列丛书）
ISBN 978-7-5111-5394-4

Ⅰ. ①工… Ⅱ. ①黄… Ⅲ. ①工业气体—挥发性有机物—空气污染控制 Ⅳ. ①X513.6

中国版本图书馆 CIP 数据核字（2022）第 247686 号

出 版 人 武德凯
责任编辑 李兰兰
封面设计 宋 瑞

出版发行 中国环境出版集团
（100062 北京市东城区广渠门内大街 16 号）
网　　址：http://www.cesp.com.cn
电子邮箱：bjgl@cesp.com.cn
联系电话：010-67112765（编辑管理部）
010-67112735（第一分社）
发行热线：010-67125803，010-67113405（传真）
印　　刷 北京建宏印刷有限公司
经　　销 各地新华书店
版　　次 2022 年 12 月第 1 版
印　　次 2022 年 12 月第 1 次印刷
开　　本 787×1092 1/16
印　　张 10.5
字　　数 220 千字
定　　价 48.00 元

前　言

当前，我国大气污染形势仍然严峻，以臭氧（O_3）和细颗粒物（$PM_{2.5}$）为标志的区域性大气复合污染问题突出。挥发性有机物（VOCs）是形成臭氧和细颗粒物的重要前体物之一，自 2013 年发布实施《大气污染防治行动计划》以来，先后出台《打赢蓝天保卫战三年行动计划》《重点行业挥发性有机物综合治理方案》《关于加快解决当前挥发性有机物治理突出问题的通知》等系列文件，制定并发布 VOCs 无组织排放控制、石油炼制、石油化工等 10 余项污染排放控制标准和技术规范。本书基于源项解析思路，参考美国 VOCs 污染源管理方法，结合我国工业企业实际情况，研究提出了一套工业企业 VOCs 污染源排查方法及推荐的估算方法，同时提供了涉及的污染源的图示及估算实例，配合了政策文件的落实，提高了 VOCs 治理的精准性和科学性。

本书分为 8 个章节，第 1 章为概述，主要介绍国内外挥发性有机物的研究现状；第 2 章为挥发性有机物污染源排查的理论基础，主要介绍本书对工业企业 VOCs 污染源排查和估算方法的研究思路、理论基础、主要特征及整体构架；第 3 章至第 7 章为对 5 类污染源强的分类研究，包括污染源排查的工作流程、工作方法、源项分析、推荐估算方法、排查报告方法、管理要求及建议，并针对每一类污染源强的不同排放量估算方法提供参考案例；第 8 章为挥发性有机物采样与监测分析，主要介绍挥发性有机物的采样点位布设、采集、运输和保存等要求。

本书由黄敏超、蔡梅主持撰写，主要参加人员及其负责的章节如下：第 1 章，沙莎、庄思源；第 2 章，黄敏超、沙莎；第 3 章，杜琮；第 4 章，罗霂、戴永立；第 5 章，王赫婧；第 6 章，刘贺峰；第 7 章，范真真、滕巍；第 8 章，黄敏超，叶丽红。本书审校由黄敏超、蔡梅、沙莎、庄思源完成。

在研究和编著过程中，本书还得到韩建华教授级高工、叶代启教授等专家的指导和帮助。此外，郭森、牛皓、孙慧、段潍超、何少林、王奉天、高少华、朱胜杰、贾瑜玲、杨一鸣、贾萍参与了部分章节的资料准备、书稿讨论和校稿等工作。

由于编著者水平所限，书中疏漏之处在所难免，敬请读者批评指正，以便进一步探讨和完善。

编著者

2022 年 10 月

目 录

1 概　述

1.1　挥发性有机物简介

1.1.1　挥发性有机物的定义

挥发性有机物因对环境和人体的危害而受到越来越多的关注。因为侧重点不同，各个国家、地区、组织对挥发性有机物有不同的定义。“十三五”期间，我国明确了挥发性有机物（VOCs）是指参与大气光化学反应的有机化合物，包括非甲烷烃类（烷烃、烯烃、炔烃、芳香烃等）、含氧有机物（醛、酮、醇、醚等）、含氯有机物、含氮有机物、含硫有机物等，是形成臭氧（O_3）和细颗粒物（$PM_{2.5}$）污染的重要前体物之一。《石油炼制工业污染物排放标准》（GB 31570—2015）将 VOCs 定义为“参与大气光化学反应的有机化合物，或者根据规定的方法测量或核算确定的有机化合物。”《挥发性有机物无组织排放控制标准》（GB 37822—2019）也明确将 VOCs 定义为“参与大气光化学反应的有机化合物，或者根据有关规定确定的有机化合物。在表征 VOCs 总体排放情况时，根据行业特征和环境管理要求，可采用总挥发性有机物（以 TVOC 表示）、非甲烷总烃（以 NMHC 表示）作为污染控制项目”。

美国国家环境保护局（USEPA）从光化学性质角度将 VOCs 定义为除一氧化碳（CO）、二氧化碳（CO_2）、碳酸（H_2CO_3）、金属碳化物、金属碳酸盐、碳酸铵外，任何参加大气光化学反应的碳化合物，并将光化学活性较小的碳化合物列入豁免清单。欧盟《国家排放上限指令》（NED，2001/81/EC）等也参照美国 VOCs 定义，但是只豁免甲烷。

世界卫生组织（WHO）将总挥发性有机物（TVOC）定义为熔点低于室温，沸点在 50～260℃的挥发性有机物的总称。欧盟 1999/13/EC 指令将 VOCs 定义为在 293.15 K 温度下，蒸气压大于或等于 0.01 kPa 的任何有机化合物；德国 DIN 55649—2000 标准规定，在常温常压下，任何能自然挥发的有机液体和/或固体一般都视为挥发性有机物。

在常压下，国内外较为流行的 VOCs 定义主要分为两大类，分别从光化学性质和物理性质两个角度进行定义，其中从物理性质角度的定义又可分为两种。以 WHO 为代表的定义是从物理性质角度，根据蒸气压或沸点对 VOCs 进行定义；以欧盟有机溶剂使用指令为代表的定义，将其扩展到特定条件下具有相应挥发性的有机化合物。

可以看出，从光化学性质角度的定义体现了控制 VOCs 的原因是为了减少大气环境中的光化学反应，从而达到控制环境空气中 O_3 形成的目的，进而控制 $PM_{2.5}$ 的产生。从物理性质角度的定义则更注重有机物大气污染源（包括人群健康危害污染源）的控制，关注的是有机物挥发进入大气环境的途径和污染源强，与实际的环境空气质量标准因子之间的联系难以界定，还容易与人群健康、职业卫生的管控领域相重叠，导致管控的目标不明确。

因此，从 VOCs 的光化学性质来考虑，更能体现污染物控制的针对性，有利于开展污染源的精细化管理，更能体现出生态环境部提出的将我国环境管理由“以环境污染控制为目标导向”向“以环境质量改善为目标导向”转变的思想。

1.1.2 挥发性有机物污染控制的意义

当前，我国以 $PM_{2.5}$ 和 O_3 为特征污染物的大气复合污染形势严峻。VOCs 是导致 O_3 污染的重要前体物，同时，对 $PM_{2.5}$ 生成也具有显著贡献。中共中央、国务院高度重视生态环境保护工作。习近平总书记多次对 O_3 污染问题作出重要指示、批示，要求将 $PM_{2.5}$ 和 O_3 协同控制纳入“十四五”规划，为大气污染防治工作指明了方向，为开展 $PM_{2.5}$ 和 O_3 协同防控提供了根本遵循。2020 年 9 月，国务院总理李克强召开国务院常务会议，听取大气重污染成因与治理攻关项目研究成果汇报，部署加强大气污染科学防治、促进绿色发展，要求进一步深入开展区域大气污染治理科研攻关，促进 $PM_{2.5}$ 和 O_3 协同治理。

党的十八大以来，通过实施《大气污染防治行动计划》《打赢蓝天保卫战三年行动计划》，同时在大气重污染成因与治理攻关、大气污染成因与控制技术研究等科技项目支撑下，我国空气质量明显改善，$PM_{2.5}$ 浓度显著降低，全国 $PM_{2.5}$ 平均浓度在 2015—2019 年下降了 20%。与 2016 年相比，2020 年“2+26”城市[①] $PM_{2.5}$ 平均浓度下降了 30%，重污染天数减少了 60%，公众的蓝天获得感和幸福感大幅提升。近年来，O_3 污染逐渐成为制约优良天数比例进一步提高的重要因素。2015 年以来，全国 O_3 平均浓度持续上升，2019 年全国 O_3 平均浓度为近 5 年最高（148 μg/m^3），比 2015 年上升 20%。O_3 浓度高值地区范围也不断扩大，2015 年仅北京及周边地区、山东中西部地区、长三角大部分地区、成都平原局部地区 O_3 年评价值（全年日评价值的第 90 百分位数浓度）浓度超过

① “2+26”城市指京津冀大气污染传输通道城市，包括北京，天津，河北省石家庄、唐山、廊坊、保定、沧州、衡水、邢台、邯郸，山西省太原、阳泉、长治、晋城，山东省济南、淄博、济宁、德州、聊城、滨州、菏泽，河南省郑州、开封、安阳、鹤壁、新乡、焦作、濮阳。

160 μg/m^3，10 余个城市超过 180 μg/m^3；而 2019 年整个京津冀及周边地区、汾渭平原、长江中游大部分地区和珠三角地区 O_3 年评价值超过 160 μg/m^3，50 余个城市超过 180 μg/m^3，O_3 污染天数在空气质量超标天数中的占比也逐年上升。

大量研究表明，VOCs 对环境的影响主要有两方面。一方面，VOCs 具有光化学特性，NO_x 和 VOCs 在阳光中紫外线的照射下，可生成各种光化学氧化剂，由于 O_3 占 90%以上，所以 O_3 成为光化学氧化剂的代表物。O_3 进一步氧化大气中的 SO_2、NO_x 和 VOCs，生成 SO_4^{2-}、NO_3^- 和有机气溶胶，其中 SO_4^{2-}、NO_3^- 为二次 $PM_{2.5}$ 的形成提供了阴离子，它们与大气中的 NH_4^+、Ca^{2+}、Mg^{2+} 等阳离子结合形成了无机的二次 $PM_{2.5}$，再加上有机气溶胶共同形成了二次 $PM_{2.5}$，成为 $PM_{2.5}$ 的主要贡献之一（见图 1-1）。

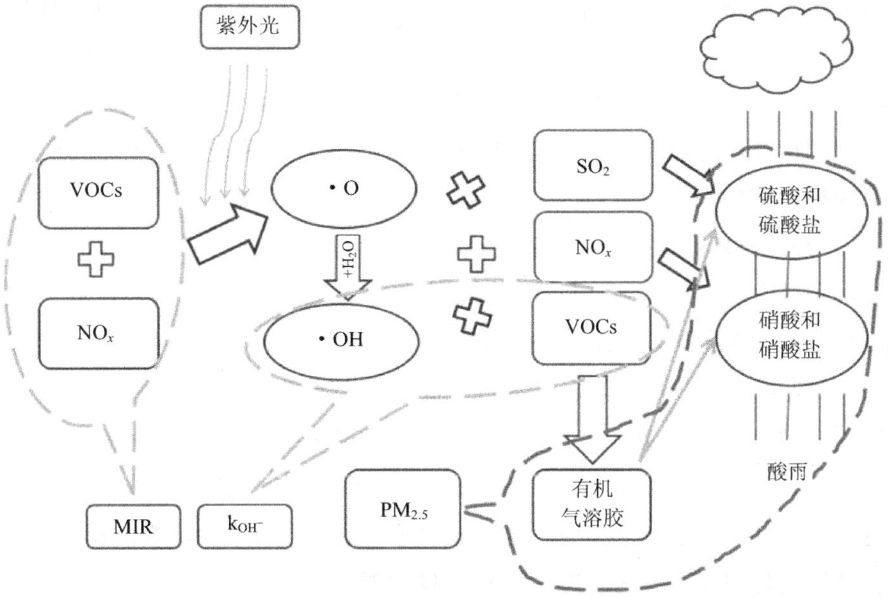

MIR：最大增量反应活性系数；k_{OH^-}：空气中的氢氧根离子。

图 1-1　大气总光化学反应示意

另一方面，大部分 VOCs 及其光化学产物属于有毒有害物质，对人体健康有直接影响。USEPA 颁布了有毒有害大气污染物（Hazardous Air Pollutants，HAPs）名单，其中大多数的 HAPs 都属于 VOCs，美国最初控制的 189 种有毒有害大气污染物中有 149 种属于有机物。澳大利亚的国家污染物清单（NPI）中有 41 类 VOCs，因为其对植物、动物和人类健康具有毒性而被单独进行统计。

从字面来看，VOCs 是一类具有挥发性的有机化合物，与一些常规的污染物如 SO_2、NO_x 不同，并不是只代表一种或是少数的几种物质，它实际上是一大类物质的综合体，与水环境中的化学需氧量（COD）类似，是评价一类物质的综合性指标。

挥发性有机物的来源可分为自然源和人为源两种。大气中的挥发性有机物主要来源于自然源，包括生物（如植被，海洋、土壤微生物等）排放和非生物过程（如地球运动、森林燃烧等）排放。全球每年 65%以上的非甲烷挥发性有机物来源于植物排放，主要为异戊二烯、单萜类、倍半萜类、醇类和酮类等物质。异戊二烯是挥发性有机物中最主要的天然排放物，因为其在大气中极易发生化学反应而形成光化学氧化剂和气溶胶粒子。据估算，全球挥发性有机物自然源排放 11.5 亿 tC/a，远超同期的人为源排放；美国自然源年排放 2 966 万 t VOCs，占所有源排放量的 58.8%。

在城市地区，挥发性有机物主要来源于人为排放，但人为源十分复杂，大致可分为工业源、移动源、生活源和农业源。据估计，全球的人为源挥发性有机物年排放量为 14 200 万 tC，燃料燃烧、交通排放、溶剂使用是三大最主要来源。不同类型的排放源排放的挥发性有机物组成和含量都不相同，可由特征示踪物种［如乙炔是机动车尾气的特征示踪物种；丙烷、丁烷是液化石油气（LPG）的特征示踪物种；癸烷、十一烷是柴油车尾气排放的特征示踪物种；异戊烷、2-甲基戊烷、正己烷等是汽油车尾气和汽油挥发的特征示踪物种］进行识别。

我国人为源 VOCs 排放分布十分复杂。固定燃烧源、道路移动源、溶剂产品使用源和工业过程源是主要排放环节，其排放贡献率在全国范围内分别约为 28%、24%、18%和 16%。其中，固定燃烧源和道路移动源排放的 VOCs 以不饱和烃（分别为 27%和 24%）、苯系物（分别为 43%和 36%）为主；溶剂产品使用源排放的 VOCs 主要为苯系物（27%）、醇/酮/酯类化合物（均为 12%～14%）；工业过程源排放的 VOCs 主要为烷烃（33%）、苯系物（21%）和醇类化合物（15%）。各排放源排放 VOCs 的化学组分差异，导致了其对大气环境的不同影响。全国范围内，道路移动源是增强大气氧化活性的第一贡献排放源，而固定燃烧源则是引发大气毒性的第一贡献排放源。

除了一次排放污染物，大气中的部分挥发性有机物还来源于二次生成。一次排放污染物在大气化学反应过程中，被氧化生成醛、酮等含氧的挥发性有机物。

1.2 美国挥发性有机物污染管控体系简述

1.2.1 美国标准体系概况

美国是最早开展 VOCs 污染控制的国家。在总结数十年污染治理经验的基础上，美国目前已经建立起了一套行之有效的大气污染物控制标准体系。很多国家和地区的 VOCs 控制标准均是借鉴美国控制标准制定的。

美国洛杉矶光化学烟雾事件影响深远，它促使美国开始加强对光化学污染的研究，并催生了一系列空气污染防治法律法规。经过 60 多年的大气污染治理，目前洛杉矶每年发布的空气质量健康警报次数已经下降了 90%以上。这充分说明了洛杉矶以及美国在臭氧污染防治方面的成效。美国大气污染物排放标准属于法律的组成部分，主要包含在《清洁空气法》（CAA）和《美国联邦法规》（CFR）中。工业源控制标准主要将大气污染物分为常规污染物和有毒有害污染物两类，并结合现有排放源和新建排放源分类分层级进行控制。上述两类标准均涉及 VOCs 的污染控制。

美国根据国家环境空气质量标准（NAAQS），将全国不同区域分为达标地区和未达标地区。对于达标地区，主要是防止空气质量出现恶化，该地区的新源采用最佳可得控制技术（BACT）；对于未达标地区，以实现国家环境空气质量为目标，新源采用最低可得排放率（LAER）。对于所有现源，则统一采用合理可得控制技术（RACT）。对于有毒有害污染物，对主要污染源要求采用最大可得控制技术（MACT），对小污染源要求采用一般可达控制技术（GACT）。

基于污染控制技术制定的严格程度，USEPA 统一制定了常规污染物中的新建固定污染源实施标准（NSPS）和有毒有害大气污染物国家排放标准（NESHAP）。对于常规污染物中的现有排放源控制分为两种：非指定污染物直接由州制订控制计划；指定污染物则由 USEPA 公布排放指南，各州据此制订控制计划。

1.2.2 新建固定污染源实施标准

NSPS 是由 USEPA 制定的适用于所有新源的全国统一的排放标准。所谓新源，是指在适用于该污染源的排放标准颁布后开始建造或改建的任何固定源。一旦这种污染源按照 NSPS 管理，就称之为受控设施。新建固定污染源实施标准以源头控制、过程控制及末端治理技术控制为基础制定，按照不同的行业和污染源分为 100 多项（见表 1-1）。标准可分为行业标准和通用标准。行业标准重点对以石化化工、电力、金属行业为主的重污染、高排放、集中度高的行业提出了较为详细的要求，其中石化化工行业涉及标准 23 项，金属行业涉及 11 项。通用标准主要控制重点过程环节，根据各行业的特点，分别对焚烧炉、储罐、废水处理、装卸等过程环节提出具体要求。当行业标准与通用标准发生交叉时，可相互进行引用和补充。

表 1-1 美国新建固定污染源实施标准（NSPS）涉及 VOCs 相关章节

序号	Subpart	章节
1	A—General Provisions	A—总则
2	K—Petroleum Storage Vessels	K—石油储存容器
3	EE—Surface Coating of Metal Furniture	EE—金属家具的表面涂层
4	MM—Automobile & Light Duty Truck Surface	MM—汽车及轻型卡车的表面涂装作业

序号	Subpart	章节
	Coating Operations	
5	QQ—Graphic Arts Industry：Publication Rotogravure Printing	QQ—印艺行业：出版凹版印刷
6	RR—Pressure Sensitive Tape & Label Surface Coating	RR—压敏胶带和标签表面涂层
7	SS—Industrial Surface Coating：Large Applications	SS—工业表面涂层：大应用
8	TT—Metal Coil Surface Coating	TT—金属卷材表面涂层
9	VV—Synthetic Organic Chemicals Manufacturing：Equipment Leaks of VOC	VV—有机合成化学品制造：设备的 VOC 泄漏
10	WW—Beverage Can Surface Coating Industry	WW—饮料罐表面涂装业
11	XX—Bulk Gasoline Terminals	XX—散装汽油终端
12	AAA—Residential Wood Heaters	AAA—住宅木材加热器
13	BBB—Rubber Tires	BBB—橡胶轮胎
14	DDD—VOC Emissions from Polymer Manufacturing Industry	DDD—高分子制造业 VOC 排放
15	FFF—Flexible Vinyl & Urethane Coating & Printing	FFF—柔性乙烯基、聚氨酯涂料和印刷
16	GGG—Equipment Leaks of VOC in Petroleum Refineries	GGG—石油炼厂设备 VOC 泄漏
17	HHH—Synthetic Fiber Production	HHH—合成纤维的生产
18	III—VOC Emissions from the Synthetic Organic Chemical Manufacturing Industry Air Oxidation Unit Processes	III—有机合成化学品制造业空气氧化单元 VOC 排放
19	JJJ—Petroleum Dry Cleaners	JJJ—石油干洗店
20	KKK—Equipment Leaks of VOC from Onshore Natural Gas Processing Plants	KKK—陆上天然气加工厂设备 VOC 泄漏
21	NNN—VOC Emissions from the Synthetic Organic Chemical Manufacturing Industry Distillation Operations	NNN—有机合成化学品制造业蒸馏单元 VOC 排放
22	QQQ—VOC Emissions from Petroleum Refinery Wastewater Systems	QQQ—炼油废水系统 VOC 排放
23	RRR—VOC Emissions from Synthetic Organic Chemistry Manufacturing Industry（SOCMI）Reactor Processes	RRR—有机合成化学制造业（SOCMI）反应器工艺 VOC 排放
24	SSS—Magnetic Tape Industry	SSS—磁带业
25	TTT—Plastic Parts for Business Machine Coatings	TTT—塑料零件商用机器涂料
26	VVV—Polymeric Coating of Supporting Substrates	VVV—聚合物涂层配套基质
27	WWW—Municipal Solid Waste Landfills	WWW—城市固体废物填埋场
28	JJJJ—Standards of Performance for Stationary Spark Ignition Internal Combustion Engines	JJJJ—固定式火花点火内燃发动机的标准
29	KKKK—Standards of Performance for Stationary Combustion Turbines	KKKK—固定燃烧涡轮机标准
30	OOOO—Standards of Performance for Crude Oil and Natural Gas Production，Transmission and Distribution	OOOO—原油和天然气生产、传输和分配标准

1.2.3 有毒有害大气污染物排放标准

有毒有害大气污染物排放标准也可分为行业标准和通用标准。行业标准主要涉及装饰电镀业、合成有机化工制造业、铅冶炼业、纸浆造纸业、卤化溶剂清洗业、成品油销售业、焦炉电池行业等，其中规模总量较大、环境污染更为严重的行业，例如，合成有机化工制造业、纸浆造纸业和成品油销售业等行业标准比其他行业标准更为详细和具体。通用标准主要针对重点行业的重点环节，按照各类重点环节的特点，对存储设备、设备泄漏、原料运输等分别设定了相应标准。

1.2.4 标准内容说明

美国大气污染物排放标准内容具体，具有较强的操作性。无论是新建固定污染源实施标准还是有毒有害大气污染物排放标准，一般包括以下几个方面的内容：

①适用范围。指明标准的管辖范围，即哪些设施要执行该标准。

②定义。对标准中涉及的名词术语的解释说明。

③标准要求。文件的核心内容，分为排放限值标准和运行操作标准两种形式，无论是哪种形式都具有同样的法律约束力。

④监测要求。大部分标准都对污染源连续监测系统的安装、运行、维护进行了详细的规定，并要求任何监测系统的中断或故障应当立即进行修理或校正。

⑤达标测试方法。为了判断污染源排放的污染物是否符合标准要求，每个排放标准都规定了进行达标测试的具体方法、程序和期限。

⑥报告和记录要求。规定企业建立污染台账的形式和内容，以及企业向管理部门报告的时间、形式和内容。

⑦权力规定。规定了国家和地方在标准执行过程中的权力。

1.2.5 标准特点分析

①将常规污染物和有毒有害大气污染物区别对待。常规污染物的新源，由 USEPA 统一制定标准；现源则由各州分别制定标准。有毒有害大气污染物不分新源和现源，统一由 USEPA 制定标准。常规污染物和有毒有害大气污染物的排放标准均体现出新源严于现源。

②针对行业或污染源的特点制定标准。美国以技术为依据，根据各个行业和各类污染源的具体特点分别制定了详细的标准。标准中详细规定了适用范围、相关名词术语定义、标准要求、监测要求、报告和记录要求等，保证了标准的针对性和科学性。

③标准要求包括排放限值标准和运行操作标准两种形式。大多数行业标准均根据行业特点对物质的排放浓度或强度进行规定，如新建源实施标准中的散装汽油中转站标准，

规定了总有机碳（TOC）的排放强度不得超过 35 mg/L 装载汽油。对于无组织排放和难以监测的有组织排放，则通过设计、设备、操作或运行等方面从原料的选用、厂址选择、储罐选型、末端治理技术等角度要求进行控制。例如，新建源实施标准中的石油容器储存标准，规定若石油液体的储存蒸气压大于或等于 78 mmHg[①]并小于 570 mmHg，则应采用浮顶罐或安装油气回收系统或等效措施；又如，有毒有害大气污染物排放标准中的合成有机化工行业标准，要求对相关存储容器采用油气回收系统和火炬燃烧进行末端控制，并禁止卤代物质排放。

④针对生产过程可能涉及的各项污染物（包括 SO_2、颗粒物、VOCs 等）进行管理，在现有科学理论、监测技术和污染防治技术的基础上，可基本满足对各项污染物的控制要求。

⑤重视建立污染物控制的台账记录。美国的各类标准中均要求企业针对环保设施运行、污染物排放、日常检查和维护建立台账，对需要记录的内容和形式进行了规定，同时还要求企业定期向环境管理部门报告相关情况。

1.2.6 VOCs 控制效果分析

美国大气污染物排放标准体系中，涉及 VOCs 排放控制的诸多行业（如炼油、石化、精细化工、油品储运、制药、表面涂装、出版印刷、铸造、服装干洗等）均分别制定了相关排放标准。涉及 VOCs 的不同排放环节，如工艺排气、设备泄漏、废水挥发、储罐、装载操作等，美国也分别规定了排放标准。通过不断完善控制手段，经过几十年的治理，美国 VOCs 排放总量呈下降趋势，从 1970 年的 3 143.57 万 t 下降为 2021 年的 1 220.43 万 t，下降了 60%以上（见图 1-2）。

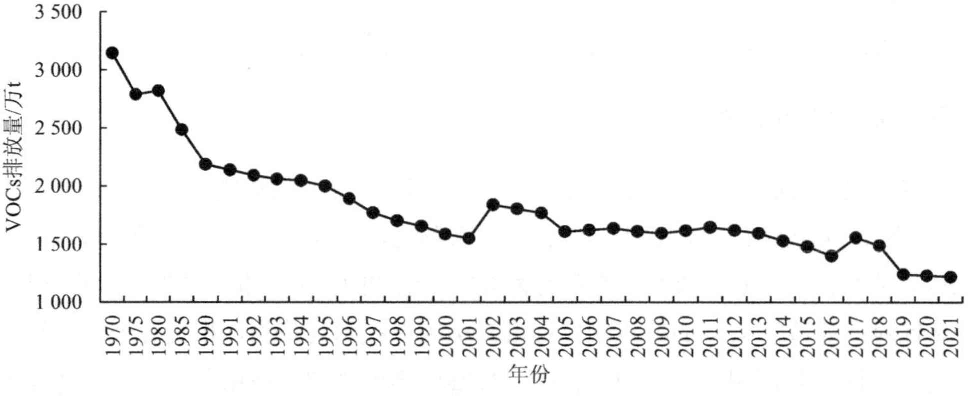

图 1-2 美国 VOCs 排放量变化趋势

① 1 mmHg=20 265/152 Pa≈133.32 Pa。

根据USEPA 1980—2021年500～1 000个观测点监测数据统计得出臭氧一年中的第4个最大8 h浓度值的环境空气质量变化趋势如图1-3所示，图中阴影区域所示的是空气污染值中间 80%的水平趋势分布，中间的折线代表了所有监测站的平均浓度值。可以看出，美国1980—2021年环境空气中第4个最大8 h臭氧浓度值下降了29%。

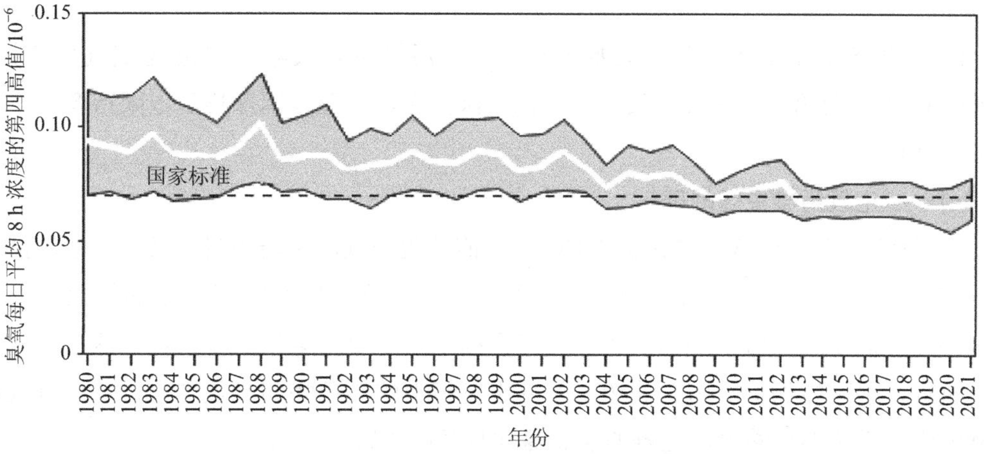

图1-3　1980—2021年美国臭氧空气质量变化趋势

注：根据135个地区绘制的美国臭氧空气质量变化趋势。

根据USEPA 2000—2021年375个观测点的监测数据统计得出的$PM_{2.5}$季度加权年均浓度的环境空气质量变化趋势如图1-4所示，图中阴影区域所示的是空气污染值中间80%的水平趋势分布，中间的折线代表了所有监测站的平均浓度值。由图1-4可知，2000—2021年美国环境空气中$PM_{2.5}$浓度总体稳定下降，2021年$PM_{2.5}$年均浓度比2000年下降了37%。

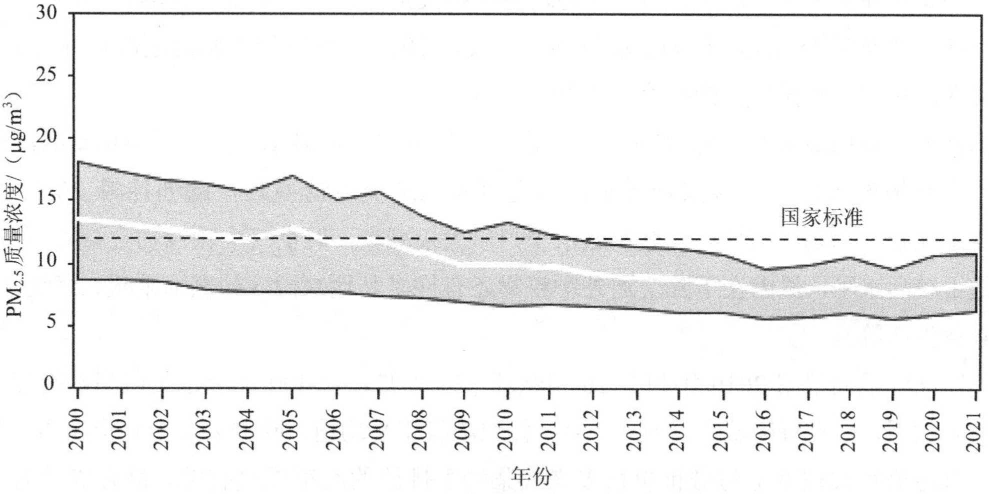

图1-4　2000—2021年美国$PM_{2.5}$空气质量变化趋势

注：根据375个观测点绘制的美国$PM_{2.5}$空气质量变化趋势。

1.3 欧盟挥发性有机物污染管控体系简述

1.3.1 欧盟空气污染控制政策简介

欧盟的空气污染控制政策主要包括《空气污染主题战略》，《欧盟空气质量指令》（2008/50/EC）及第一、第二、第三、第四二级指令，以及《国家排放上限指令》（NED，2001/81/EC）。

1.3.1.1 《空气污染主题战略》

《空气污染主题战略》包含了 2020 年以前欧盟空气污染防治目标及治理建议措施，该战略的重点是对环境最有害的污染物及在较大程度上影响空气污染的行业的政策制定。该文件制定了欧盟主要的健康和环境目标以及主要污染物减排目标。这些目标将按阶段执行，尽可能保护欧盟公民免于暴露于空气中的颗粒物和臭氧之中，并更有效地保护欧洲生态系统不受酸雨、过剩的营养氮和臭氧的损害。

以 2000 年为基准，战略制定了明确的长期目标（2020 年）：①将因暴露于颗粒物浓度过高环境中而引起人和动物预期寿命的损失减少 47%；②将因暴露于臭氧超标环境中而引起的急性死亡减少 10%；③森林地区和表面淡水区域多余的酸沉降分别减少 74%和 39%；④暴露于富营养化的地区或生态系统减少 43%。

为实现这些目标，与 2000 年相比，SO_2 的排放量需要降低 82%，NO_x 排放量需要降低 60%，VOCs 排放量需要降低 51%，NH_3 排放量需要降低 27%，一次 $PM_{2.5}$ 排放量需要降低 59%。

该文件简化了空气质量法规，并将之前的相关指令合并。增加了 $PM_{2.5}$ 的环境空气质量标准，并设置 25 $\mu g/m^3$ 作为其标准限值，设定 2010—2020 年的临时削减目标为 20%。该文件还对《国家排放上限指令》进行了修订。

欧洲环境局最新发布的《2020 年欧洲空气质量报告》显示，空气污染仍是欧洲面临的最大环境健康风险。该报告显示，为遏制新冠肺炎疫情蔓延，欧洲各国 2020 年以来普遍实施“封城”措施，二氧化氮水平得以大幅减少，但空气中颗粒物含量降幅不大，仍处于较高水平，原因在于除交通外颗粒物还有许多其他来源（如燃油采暖、燃烧木材、工农业生产等）。

欧洲环境局根据 2019 年和 2020 年欧洲 323 座城市的 400 多个空气监测站提交的地面监测数据，得出每座城市空气中 $PM_{2.5}$ 体积浓度年平均值。欧盟委员会官员认为，欧洲的空气污染很大程度上与城市里众多老式柴油车排放的汽车尾气有关。联合国针对奥地利、法国、瑞士 3 个国家空气污染对人体健康影响的一项评估表明，3 个国家受汽车尾气危害而死亡的人数大于死于交通事故的人数。由于长期生活在被汽车尾气污染的空气中，上述 3 个国家每年有超过 2.1 万 30 岁以上成年人因呼吸系统或心血管疾病死亡。相比之下，上述 3 个国家每年死于交通事故的人数为 9 000 多人。受汽车尾气污染影响，3 个国家每年有超过 30 万儿童患支气管炎，39.5 万成人和 16.2 万儿童患有哮喘。

为解决空气污染问题，2014 年欧盟委员会提出新清洁空气政策方案建议，成员国应在 2030 年之前进一步削减空气污染物排放量。根据该方案，到 2030 年，欧盟范围内主要污染物排放量将在 2005 年的基础上进一步减少，其中二氧化硫减少 81%，氮氧化物减少 69%，细颗粒物减少 51%，甲烷减少 33%。

奥地利科学院清洁空气委员会成员马库斯·阿曼表示，要提高欧洲城市的空气质量，需要欧洲各国间协调合作。他认为，在现有法规下，欧盟实现了在机动车和工业领域部分减排。为进一步减少大气中细颗粒物含量，欧盟还应在家用采暖和农业领域采取更多减排措施。

1.3.1.2 《欧盟空气质量指令》

《欧盟空气质量指令》（2008/50/EC）在不改变现有空气质量目标的前提下将大多数现有的法律合并成一个单一的指令。第一个二级指令（1999/30/EC）对环境空气中的二氧化硫、二氧化氮、氮氧化物、颗粒物和铅的限值进行了规定。该指令描述了评价和管理上述污染物所需的限值和报警阈值并确定了 $PM_{2.5}$ 的监测要求。第二个二级指令（2000/69/EC）对环境空气中苯和一氧化碳的排放限值进行了规定，明确了关于评价和管理空气中的苯和一氧化碳的数值标准。第三个二级指令（2002/3/EC）对环境空气中的臭氧进行了规定，明确臭氧是碳氢化合物和氮氧化物在阳光照射下形成的二次污染物，确定了空气中臭氧浓度的目标值和长期目标，同时对挥发性有机物和氮氧化物的相关监测要求进行了规定。第四个二级指令（2004/107/EC）对环境空气中的砷、镉、汞、镍和多环芳烃进行了相关规定，完成了《空气质量框架指令》列表中最初列出的污染物。明确了除汞之外所有列出的污染物的目标值，其中多环芳烃以苯并[*a*]芘计。

欧盟委员会于 2013 年 12 月通过了一系列清洁空气政策，包括有效期截止到 2030 年的欧洲新的空气质量目标和新的清洁空气计划、《国家排放上限指令》以及减少中型燃烧设备污染的新指令建议。涉及的污染物种类包括细颗粒物（$PM_{2.5}$）、二氧化硫（SO_2）、二氧化氮（NO_2）、可吸入颗粒物（PM_{10}）、铅（Pb）、一氧化碳（CO）、臭氧（O_3）、砷（As）、镉（Cd）、镍（Ni）、多环芳烃和苯。

1.3.2 欧盟总量控制政策概况

考虑大气污染物会导致跨界污染，联合国欧洲经济委员会于 1979 年签署了《远距离跨界空气污染公约》。作为该公约的延伸，该委员会随后又签订了 8 个议定书，按时间顺序分别对二氧化硫、颗粒物、氮氧化物、挥发性有机物、持久性有机污染物及重金属等进行排放控制或削减。VOCs 作为常规污染物进行管控，总量控制是其根本的管控政策。

2001 年，欧洲议会和欧盟理事会制定并颁布了《国家排放上限指令》(2001/81/EC)，对 SO_2、NO_x、VOCs、NH_3 4 种大气污染物的排放进行了总量控制，以 2010 年和 2020 年作为基准年，提出了各成员国关于上述 4 种污染物排放量上限控制的指标，并将其分配到 27 个成员国（EU27）。

欧盟认为大型工业装置排放量占总排放量比重较高，对环境产生了重要影响，主要从《工业排放指令》(IED，2010/75/EU)、《大型燃烧装置指令》(2001/80/EC)、《汽油储存和销售指令》(1994/63/EC 和 2009/126/EC) 以及欧盟污染物排放和转移登记制度（E-PRTR）4 个方面进行管控，其中《大型燃烧装置指令》与 VOCs 管控无关。

IED 的主要原则是许可证制度，通过综合途径和应用最佳可行技术（BAT）来控制工业排放。在综合考虑费用和效益的情况下，BAT 是实现高水平环保的最有效的技术。

2014 年 1 月 7 日，IED 正式颁布并取代了《污染物综合和预防指令》(2008/1/EC)、《废物焚烧指令》(2000/76/EC)、《溶剂使用指令》(1999/13/EC) 和与二氧化钛生产相关的指令（78/176/EEC、82/883/EEC 和 92/112/EEC）。

本质上，IED 是《综合污染预防控制指令》(IPPC) 的延续，它是关于欧盟境内污染源污染物排放最小化的要求。运营商需要获得欧盟国家当局的综合许可。大约有 50 000 个装置被 IPPC 覆盖，而 IED 覆盖范围更广。IED 是基于综合指标、BAT、灵活性、检查、公众参与等原则制定的。目的在于保证整体环境保护处于较高水平，考虑工厂的整个环境绩效，如包含排放到大气、水和土壤中的污染物，废物产生，原料使用，能源效率，噪声，事故预防和工厂关闭后的复原。

许可状况必须包含基于 BAT 的排放限值（ELVs）。BAT 的结论（包含相关的排放水平最佳的技术信息的文档）应该作为设置许可状况的参考。此外，可以通过颁发许可的机关在特定情况下设置较为宽松的排放限值。

IED 包含了环境监测的强制要求。成员国应该设立一个环境监测系统并且制订相应的监测计划。基于风险的标准，IED 要求每个成员国应每 1～3 年更新一次监测计划。

1.3.3 欧盟 VOCs 排放控制技术体系框架

欧盟具有完整的污染物（含 VOCs）排放控制技术体系，包括环境技术指导性文件体系、环境技术评价制度以及环境技术示范推广机制（见图 1-5）。

在欧盟的污染物排放控制技术体系中，BAT 是核心工具和技术手段。通过污染防治技术的筛选、污染防治技术政策的制定、环境技术的验证与推广机制，进一步夯实了 BAT 的基础。

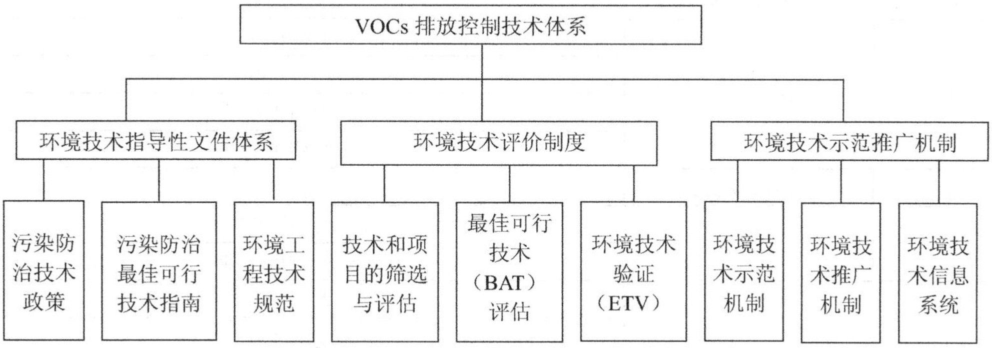

图 1-5 欧盟污染物（含 VOCs）排放控制技术体系框架

BAT 的具体内容：有别于我国传统的末端治理模式，BAT 描述了各类工业生产工艺存在的环境问题，污染物产生环节、产生原因以及控制措施，除给出一般控制措施外，特别给出了在目前条件下根据不同工艺的可行控制技术，并且给出通过应用这种技术可能达到的污染物排放量和资源消耗量水平，体现了经济上、技术上可行的全过程控制理念。

数据是通过调查企业实际情况得到的，代表了 BAT 实施后能够达到的污染排放水平，是制订排放限值的依据。BAT 参考文件（BREFs）不对综合污染预防与治理规章进行解释，也不规定技术或者企业、行业排放限值，它是一份基础性的技术文件；排放限值与 BAT 技术排放值之间的差值是由经济、社会的发展水平等因素决定的。

BAT 文件中涉及 VOCs 控制的行业：目前，欧盟需要施行最佳可行技术的工业行业共 6 大类 33 小类，已通过的 BAT 参考文件（BREFs）有 33 个。其中 22 个行业涉及了 VOCs 的管控，详见表 1-2。

表 1-2 欧盟最佳可行技术（BAT）中涉及 VOCs 的行业

序号	大类行业	小类行业
1	能源行业	石油和天然气精制
		炼焦
		超过 50 MW 的燃烧装置
		煤气化和煤液化工厂
2	金属加工	钢铁行业
		有色金属炼制
		金属矿（包括硫化矿）焙烧或烧结
		铁合金加工
		有色金属炼制
		金属和塑料表面处理

序号	大类行业	小类行业
3	化学工业	无机化工
		基础有机化工
		制药工程
		农药工业
4	危险废物管理	垃圾焚烧
5	非金属工业	陶瓷、砖瓦工业
		有机玻璃工业
6	其他工业行业	表面涂装
		皮革工业
		石墨生产工业
		制浆造纸工业
		纺织工业

BAT 是在生产发展中逐渐形成的，是对企业的运行最有效、最先进的污染物治理技术，具有实际适应性，并为制订排放限值提供了基本技术依据，可减少污染排放及其对环境的整体影响。“技术”包括装置设计、建造、运行、维护和报废退役的技术和方法。

“可行技术”是指在经济和技术可行条件下，可在相关工业部门实施应用，具有成本和技术优势的技术，这些技术只要是经营者均可合理地获得。“最佳”是指最有效地实现整体高水平的环境保护。确定最佳可行技术时的注意事项：不仅考虑一般或特定情况，也要衡量技术的成本、收益以及防范、预防的原则，同时也会随着时间而改变，尤其是根据技术的发展和进步，主管部门需要监督并通报这方面的进展情况。

欧盟建立了相对完整的环境空气质量管理体系及较为严格的空气质量标准，固定源管控主要针对大型工业装置，通过综合途径和应用最佳可行技术来控制工业排放。移动源管控包括道路车辆、船舶、非道路移动源及其燃油质量。

1.3.4 欧盟 VOCs 管控效果分析

1990—2017 年欧盟的非甲烷挥发性有机物（NMVOCs）排放量显著下降。2016 年，NMVOCs 排放量比 1990 年降低了 61%，同为臭氧生成主控因子之一的 NO_x 排放量下降了 58%。1990 年以来，公路运输部门的 CO 和 NMVOCs 排放量呈现下降趋势；1992 年以来，NO_x 排放量也持续降低。公路运输部门主要通过立法措施实现这一目标，要求减少汽车废气排放。

欧盟人为源排放的主要空气污染物包括氨、非甲烷挥发性有机物、氮氧化物、细颗粒物和硫氧化物，是欧洲空气污染物的主要来源，对人类健康、植被和生态系统造成破坏性影响。为了解决这个问题，并满足欧盟在《远距离跨界空气污染公约》（LRTAP 公约）哥德堡议定书下的义务，欧盟颁布《国家减排承诺指令》（NECD），旨在减少这些污染物的排放。根据数据统计，2005—2019 年，在 GDP 增长了约 20%的情况下，欧盟 NH_3、CH_4、PM_{10}、$PM_{2.5}$、NMVOCs、CO、NO_x、BC 和 SO_2 排放趋势均出现了不同程度的下降，降幅在 10%～80%，其中 SO_2 下降最多，约为 80%。

欧盟非甲烷挥发性有机物的主要来源为工业生产、农业源、能源消耗、移动源及生活源。欧盟涉及挥发性有机物排放的行业与美国类似，2005—2019 年，欧盟非甲烷挥发性有机物和 $PM_{2.5}$ 的排放量共减少了 29%（见图 1-6）。排放量下降的主要原因是能源、工业和运输部门排放量减少，部分原因是其他欧盟法规标准（如《工业排放指令》《大型燃烧装置指令》和欧洲标准）设定了特定行业及车辆的排放限值。

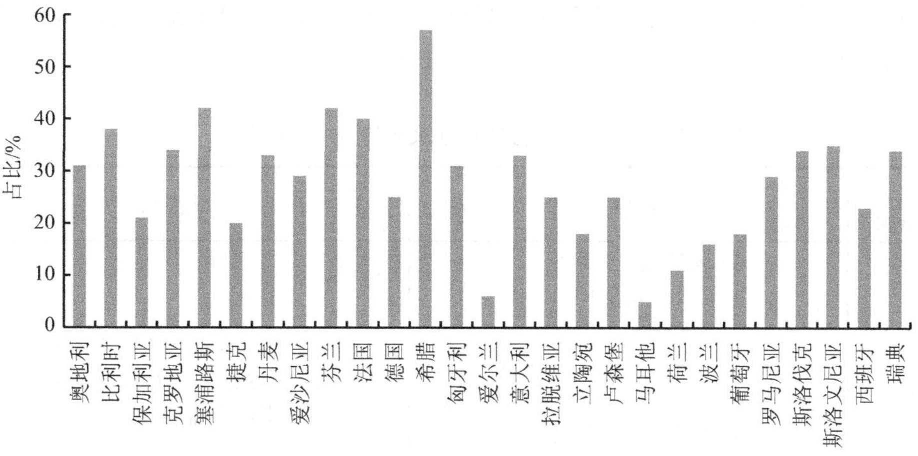

图 1-6 2005—2019 年欧盟成员国主要空气污染物减排率

欧盟是因为光化学活性而管控 VOCs 的，但由于对 VOCs 光化学活性的理解不够深入，以及受总量控制思路的影响，欧盟并没有将 VOCs 作为一类特殊的污染物进行管控，从而影响了最终的管控效果。虽然在主要环节进行了长时间的减排工作，但是臭氧浓度没有明显降低，很多地区甚至仍然存在超标现象，而 $PM_{2.5}$ 的环境浓度不降反升，值得深思。

同时，由于对 VOCs 的光化学活性认识不足，欧盟也没有发展出有效的有毒有害大气污染物管控体系，这与美国相比，也是严重滞后的。

1.4 我国挥发性有机物管控政策情况

近年来，随着经济的迅速发展，由于工业、居民生活等排放的 VOCs 人为源总量逐年增加，导致光化学烟雾、城市灰霾等复合型大气污染问题日益严重，有效控制 VOCs 已成为现阶段及今后相当长一段时间内我国大气环境治理领域的热点问题。为此，国家和地方相继出台了一系列的法规、标准、政策，强化对 VOCs 的管控。

1.4.1 国家层面

由于我国长期以来主要为煤烟型污染，大气污染物控制对象主要为 SO_2、NO_x、颗粒物等，对于管控 VOCs 还存在底数不清、控制技术及管理基础薄弱等问题，相比其他发达国家或地区，我国 VOCs 的管控起步较晚，但近几年国家层面密集出台了诸多文件及标准，体现出国家管控 VOCs 的决心。标准分为通用排放标准、行业排放标准及产品质量限值标准。其中，通用排放标准包括大气综合排放标准、恶臭污染物排放标准及挥发性有机物无组织排放控制标准。从整体来看，国家层面对 VOCs 实施重点管控始于 2010 年，“十二五”期间不断摸索，“十三五”期间不断完善，“十四五”期间加快解决落地问题（见表 1-3 和表 1-4）。

表 1-3 我国出台涉及 VOCs 管控的主要文件

序号	发布时间	发布机关	文件名称	文号	简介
1	2010 年 5 月	国务院办公厅	《国务院办公厅转发环境保护部等部门关于推进大气污染联防联控工作改善区域空气质量指导意见的通知》	国办发〔2010〕33 号	文件首次将 VOCs 作为大气联防联控的重点污染物提出，要求开展 VOCs 污染防治，并将光化学烟雾污染作为需要解决的重点问题提出
2	2011 年 12 月	国务院	《国家环境保护“十二五”规划》	国发〔2011〕42 号	加强挥发性有机污染物和有毒废气控制。加强石化行业生产、输送和存储过程挥发性有机污染物排放控制。鼓励使用水性、低毒或低挥发性的有机溶剂，推进精细化工行业有机废气污染治理，加强有机废气回收利用。实施加油站、油库和油罐车的油气回收综合治理工程。开展挥发性有机污染物和有毒废气监测，完善重点行业污染物排放标准
3	2012 年 10 月	环境保护部、国家发展和改革委员会、财政部	《重点区域大气污染防治“十二五”规划》	环发〔2012〕130 号	该文件是我国首部大气污染防治的综合性规划，综合分析空气质量改善存在的问题，并提出对策建议。文件提出我国 VOCs 控制薄弱，未纳入环境统计管理体系、底数不清，缺少 VOCs 排放标准体系。文件提出到 2015 年 VOCs 污染防治工作全面开展，提出“十二五”期间重点区域 VOCs 排放削减比例，排放 VOCs 的项目实现排放减量替代，并把 VOCs 控制作为建设项目环评的重要内容，开展 VOCs 摸底调查并完善重点行业 VOCs 排放控制要求和政策体系，完善 VOCs 排污收费政策

序号	发布时间	发布机关	文件名称	文号	简介
4	2013年5月	环境保护部	《挥发性有机物（VOCs）污染防治技术政策》	公告2013年第31号	该技术政策为指导性文件，包括对生产VOCs物料和含VOCs产品的生产、储存、运输、销售、使用、消费等各环节的污染防治策略和方法，并提出源头和过程控制与末端治理相结合的综合防治原则
5	2013年9月	国务院	《大气污染防治行动计划》	国发〔2013〕37号	文件对各类排放源全面提出了减排任务要求，是5年内大气污染防治的纲领性文件。提出在石化、有机化工、表面涂装、包装印刷等行业实施挥发性有机物综合整治，在石化行业开展“泄漏检测与修复”技术改造。限时完成加油站、储油库、油罐车的油气回收治理，在原油成品油码头积极开展油气回收治理。完善涂料、胶粘剂等产品挥发性有机物限值标准，推广使用水性涂料，鼓励生产、销售和使用低毒、低挥发性有机溶剂。推进非有机溶剂型涂料和农药等产品创新，减少生产和使用过程中挥发性有机物排放。将挥发性有机物排放是否符合总量控制要求作为建设项目环境影响评价审批的前置条件。将挥发性有机物纳入排污费征收范围
6	2014年3月	环境保护部办公厅	《关于落实大气污染防治行动计划严格环境影响评价准入的通知》	环办〔2014〕30号	从严格环境影响评价准入，促进环境空气质量改善的角度出发。文件提出排放挥发性有机污染物的项目，必须落实相关污染物总量减排方案，上一年度环境空气质量相关污染物年平均浓度不达标的城市，应进行倍量削减替代。石化、有机化工、表面涂装、包装印刷、原油成品油码头、储油库、加油站项目，必须采取严格的挥发性有机物排放控制措施
7	2014年8月	环境保护部	《大气挥发性有机物源排放清单编制技术指南（试行）》	公告 2014年第55号	文件主要用于指导城市及区域开展大气VOCs排放清单编制，文件中提出的核算方法主要是排放系数，相对来说对溶剂使用等相对简单的排放源适用性较强，但对于石化行业等生产工艺复杂的排放源则有一定偏差。但文件的发布有助于摸清区域或全国整体VOCs排放情况
8	2015年6月	财政部、国家发展和改革委员会、环境保护部	《挥发性有机物排污收费试点办法》	财税〔2015〕71号	该文件以石油化工行业和包装印刷行业为试点，首次提出VOCs的排污费征收、使用和管理要求，成为国家层面控制VOCs的主要经济手段

序号	发布时间	发布机关	文件名称	文号	简介
9	2015年7月	环境保护部、国家发展和改革委员会	《关于贯彻实施国家主体功能区环境政策的若干意见》	环发〔2015〕92号	文件仅提出了“珠江三角洲地区推进二氧化硫、氮氧化物、颗粒物和挥发性有机物等多种污染物协同减排，强化区域大气污染联防联控”，并未提出更详细的内容
10	2015年8月	中华人民共和国全国人民代表大会	《中华人民共和国大气污染防治法》	中华人民共和国主席令第三十一号	法律首次将VOCs纳入管控目标，从生产、销售、使用等环节对VOCs提出了管理要求，并提出生产、销售、进口VOCs含量不符合质量标准或要求的原材料和产品，以及产生VOCs废气的生产和服务活动等违法情形和处罚规定
11	2015年11月	环境保护部办公厅	《石化行业VOCs污染源排查工作指南》《石化企业泄漏检测与修复工作指南》	环办〔2015〕104号	排查工作指南以污染源归类解析的思想，将石化企业VOCs排放源分成12类，并给出排查的基本流程、各源项的不同计算方法，企业开展工作越详细、获取信息越多，核算结果越接近实际情况；泄漏检测与修复（LDAR）工作指南规定了石化企业开展LDAR工作的基本工作方法，各类密封点的检测位置、检测方法、仪器要求、质量控制等。两个文件虽非强制性推行，但对促进企业实现全过程精细化管理具有一定的指导作用
12	2016年2月	环境保护部办公厅	《关于规划环境影响评价加强空间管制、总量管控和环境准入的指导意见（试行）》	环办环评〔2016〕14号	在规划环评层面关注VOCs作为总量管控的主要污染物
13	2016年3月	中华人民共和国全国人民代表大会	《中华人民共和国国民经济和社会发展第十三个五年规划纲要》	—	在重点区域、重点行业推进挥发性有机物排放总量控制，全国排放总量下降10%以上。国家首次将VOCs管控纳入国家发展规划
14	2016年4月	环境保护部	《关于积极发挥环境保护作用促进供给侧结构性改革的指导意见》	环大气〔2016〕45号	供给侧改革是我国产业结构调整的重要手段，文件提出组织开展VOCs治理等领域先进适用技术的经验交流和试点示范；研究增加排污收费种类，推动对挥发性有机物和施工扬尘等征收排污费。文件的发布对当时VOCs排污费征收起到了推动作用，同时对今后一段时间开展VOCs治理试点提供了政策依据

序号	发布时间	发布机关	文件名称	文号	简介
15	2016年7月	工业和信息化部、财政部	《重点行业挥发性有机物削减行动计划》	工信部联节〔2016〕217号	该文件认为工业VOCs排放占总排放量的50%以上，其中石油炼制与石油化工、涂料、油墨、胶粘剂、农药、汽车、包装印刷、橡胶制品、合成革、家具、制鞋等行业VOCs排放量占工业排放总量的80%以上。文件提出到2018年工业行业VOCs排放量比2015年削减330万t以上，并提出农药、涂料、胶粘剂、油墨行业实施原料替代，石油炼制与石油化工、橡胶制品、包装印刷、制鞋、合成革、家具、汽车行业实施工艺技术改造
16	2016年11月	国务院	《“十三五”生态环境保护规划》	国发〔2016〕65号	该文件是我国“十三五”期间生态环境保护的顶层设计，对重点地区重点行业提出排放和总量控制要求，将挥发性有机物综合治理纳入环境治理保护重点工程。文件提出全国排放总量下降10%以上；完善挥发性有机物排放标准体系，全面启动挥发性有机物污染防治，长三角地区全面推进炼油、石化、工业涂装、印刷等行业挥发性有机物综合整治；珠三角地区重点推进石化、化工、油品储运销、汽车制造、船舶制造（维修）、集装箱制造、印刷、家具制造、制鞋等行业开展挥发性有机物综合整治
17	2016年12月	国务院	《“十三五”节能减排综合工作方案》	国发〔2016〕74号	提出全国挥发性有机物排放总量比2015年下降10%以上。在重点行业、重点区域推进挥发性有机物排放总量控制。以削减挥发性有机物、持久性有机物、重金属等污染物为重点，实施重点行业、重点领域工业特征污染物削减计划。大力推进石化、化工、印刷、工业涂装、电子信息等行业挥发性有机物综合治理。出台涂料、油墨、胶粘剂、清洗剂等有机溶剂产品挥发性有机物含量限值强制性环保标准，控制集装箱、汽车、船舶制造等重点行业挥发性有机物排放。修订《储油库大气污染物排放标准》《加油站大气污染物排放标准》，推进储油储气库、加油加气站、原油成品油码头、原油成品油运输船舶和油罐车、气罐车等油气回收治理工作。实施石化、化工、工业涂装、包装印刷等重点行业挥发性有机物治理工程，到2020年石化企业基本完成挥发性有机物治理。研究扩大挥发性有机物排放行业排污费征收范围

序号	发布时间	发布机关	文件名称	文号	简介
18	2017 年 9 月	环境保护部、国家发展和改革委员会、财政部、交通运输部、国家质量监督检验检疫总局、国家能源局	《"十三五"挥发性有机物污染防治工作方案》	环大气〔2017〕121 号	该文件为"十三五"期间我国 VOCs 管控的顶层设计，提出推进 VOCs 与 NO_x 协同减排，建立 VOCs 污染防治长效机制，到 2020 年排放总量下降 10%以上，规定重点地区、重点行业、重点污染物，将加大产业结构调整力度、加快实施工业源 VOCs 污染防治作为主要任务
19	2019 年 6 月	生态环境部	《重点行业挥发性有机物综合治理方案》	环大气〔2019〕53 号	该文件的制定是为了深入实施《"十三五"挥发性有机物污染防治工作方案》，加强对各地工作指导，提高 VOCs 治理的科学性、针对性和有效性，协同控制温室气体排放。文件明确了形势与问题、VOCs 污染存在的主要问题、主要目标、控制思路与要求及重点行业治理任务等
20	2020 年 6 月	生态环境部	《2020 年挥发性有机物治理攻坚方案》	环大气〔2020〕33 号	为贯彻落实《打赢蓝天保卫战三年行动计划》（国发〔2018〕22 号）有关要求，确保完成"十三五"环境空气质量改善目标任务，把 VOCs 治理攻坚作为打赢蓝天保卫战收官的重要任务，统筹疫情防控、经济社会平稳健康发展，坚持精准治污、科学治污、依法治污，切实做到问题精准、时间精准、区位精准、对象精准、措施精准，方案明确了"十三五"期间各项任务措施的落实要求和保障机制
21	2021 年 8 月	生态环境部	《关于加快解决当前挥发性有机物治理突出问题的通知》	环大气〔2021〕65 号	文件在继承过去行之有效的工作基础上，加快解决当前挥发性有机物治理存在的突出问题，推动环境空气质量持续改善和"十四五"VOCs 减排目标顺利完成。明确了 10 个方面的重点突出问题、排查检查要点和治理要求

表 1-4 我国出台涉及 VOCs 管控的排放标准

序号	标准名称	标准编号
1	《恶臭污染物排放标准》	GB 14554—1993
2	《大气污染物综合排放标准》	GB 16297—1996
3	《合成革与人造革工业污染物排放标准》	GB 21902—2008
4	《橡胶制品工业污染物排放标准》	GB 27632—2011
5	《炼焦化学工业污染物排放标准》	GB 16171—2012
6	《轧钢工业大气污染物排放标准》	GB 28665—2012
7	《电池工业污染物排放标准》	GB 30484—2013
8	《石油炼制工业污染物排放标准》	GB 31570—2015
9	《石油化学工业污染物排放标准》	GB 31571—2015
10	《合成树脂工业污染物排放标准》	GB 31572—2015
11	《烧碱、聚氯乙烯工业污染物排放标准》	GB 15581—2016
12	《挥发性有机物无组织排放控制标准》	GB 37822—2019
13	《制药工业大气污染物排放标准》	GB 37823—2019
14	《涂料、油墨及胶粘剂工业大气污染物排放标准》	GB 37824—2019
15	《储油库大气污染物排放标准》	GB 20950—2020
16	《油品运输大气污染物排放标准》	GB 20951—2020
17	《加油站大气污染物排放标准》	GB 20952—2020
18	《铸造工业大气污染物排放标准》	GB 39726—2020
19	《农药制造工业大气污染物排放标准》	GB 39727—2020
20	《陆上石油天然气开采工业大气污染物排放标准》	GB 39728—2020
21	《油墨中可挥发性有机化合物（VOCs）含量的限值》	GB 38507—2020
22	《木器涂料中有害物质限量》	GB 18581—2020
23	《建筑用墙面涂料中有害物质限量》	GB 18582—2020
24	《车辆涂料中有害物质限量》	GB 24409—2020
25	《工业防护涂料中有害物质限量》	GB 30981—2020
26	《胶粘剂挥发性有机化合物限量》	GB 33372—2020
27	《清洗剂挥发性有机化合物含量限值》	GB 38508—2020

1.4.2 地方层面

随着对灰霾和臭氧关注度的不断提升，我国正式将 VOCs 的管控写入国家政策文件，各省、自治区、直辖市逐步将 VOCs 管控提上日程。通过对各省、自治区、直辖市、特别行政区及台湾地区生态环境主管部门公开的涉及 VOCs 管控的文件进行收集整理，本书共收集了重点地区的15个省级生态环境主管部门和台湾地区公开的70项行政文件（见表1-5）。

表1-5 我国部分省（市）和台湾地区生态环境主管部门发布的VOCs管控文件

序号	省份	文件名称	文号	文件类别	涉及行业
1	安徽	《安徽省挥发性有机物污染整治工作方案》	—	管理	石化、有机化工、表面涂装、包装印刷
2	北京	《北京市工业污染源挥发性有机物（VOCs）总量减排核算细则》	京环发〔2012〕305号	核算	炼油石化、汽车制造、家具制造、包装印刷、医药制造、半导体及电子制造、汽车修理等
3	北京	《北京市环境保护局关于印发〈挥发性有机物排污费征收细则〉的通知》	京环发〔2015〕33号	收费	石油化工、汽车制造、电子行业、印刷、家具制造
4	福建	《福建省重点行业挥发性有机物排放控制要求（试行）》	闽环保大气〔2017〕9号	管理	石油炼制、石油化工、加油站、储油库等
5	广东	《表面涂装（汽车制造业）挥发性有机物排放标准》	DB 44/816—2010	标准	汽车
6	广东	《家具制造业挥发性有机物排放标准》	DB 44/814—2010	标准	家具制造业
7	广东	《印刷业挥发性有机物排放标准》	DB 44/815—2010	标准	印刷业
8	广东	《制鞋业挥发性有机物排放标准》	DB 44/817—2010	标准	制鞋业
9	广东	《关于珠江三角洲地区严格控制工业企业挥发性有机物（VOCs）排放的意见》	粤环〔2012〕18号	管理	工业
10	广东	《广东省印刷行业挥发性有机化合物废气治理技术指南》	粤环〔2013〕79号	技术	印刷业
11	广东	《广东省挥发性有机物（VOCs）整治与减排工作方案（2018—2020年）》	粤环发〔2018〕6号	管理	石化、化工、工业涂装、印刷、制鞋、电子制造、机动车、油品储运销
12	广东	《广东省家具制造行业挥发性有机化合物废气治理技术指南》	粤环〔2014〕116号	技术	家具制造行业
13	广东	《广东省制鞋行业挥发性有机废气治理技术指南》	粤环〔2015〕4号	技术	制鞋业
14	广东	《广东省表面涂装（汽车制造业）挥发性有机废气治理技术指南》	粤环〔2015〕4号	技术	汽车制造业
15	广东	《广东省环境保护厅关于开展固定污染源挥发性有机物排放重点监管企业综合整治工作指引》	粤环函〔2016〕1054号	管理	—
16	广东	《2017年珠江三角洲地区臭氧污染防治专项行动实施方案》	粤环函〔2017〕1373号	管理	重点行业

序号	省份	文件名称	文号	文件类别	涉及行业
17	广东	《广东省生态环境厅关于做好重点行业建设项目挥发性有机物总量指标管理工作的通知》	粤环发〔2019〕2号	管理	炼油与石化、化学原料和化学制品制造、化学药品原料药制造、合成纤维制造、表面涂装、印刷、制鞋、家具制造、人造板制造、电子元件制造、纺织印染、塑料制造及塑料制品等12个行业
18	河北	《青霉素类制药挥发性有机物和恶臭特征污染物排放标准》	DB 13/2208—2015	标准	制药业
19	河北	《工业企业挥发性有机物排放控制标准》	DB 13/2322—2016	标准	工业
20	河北	《关于制定石油化工及包装印刷试点行业挥发性有机物排污费征收标准的通知》	冀发改价格〔2016〕604号	收费	石油化工、包装印刷
21	河南	《河南省石化行业挥发性有机物综合治理计划》	豫环文〔2015〕67号	管理	石化行业
22	河南	《河南省环境保护厅关于扎实做好排污费征收标准调整工作和挥发性有机物收费试点工作的通知》	—	收费	石油化工、包装印刷
23	河南	《河南省2017年挥发性有机物专项治理工作方案》	豫环文〔2017〕160号	管理	石油炼制、石油化学、农药、医药和塑料制品制造、汽车制造、家具、工程机械、钢结构、卷材、包装印刷、车用油品、机动车、加油站、汽车修理、餐饮油烟、小喷涂和小化工作坊
24	黑龙江	《关于开展重点行业挥发性有机物污染源排查的通知》	黑环办〔2015〕77号	管理	石化、有机化工、表面涂装、包装印刷、医药制造
25	黑龙江	《黑龙江省石化行业挥发性有机物综合整治推进方案》	—	管理	石化行业
26	江苏	《关于建立江苏省工业企业挥发性有机物污染治理档案的通知》	—	管理	化工
27	江苏	江苏省大气污染防治联席会议办公室《关于开展挥发性有机物污染防治工作的指导意见》	苏大气办〔2012〕2号	管理	石油炼制、石油化工、有机化工、家具制造、化学品原药制造、建筑装修、餐饮油烟、干洗
28	江苏	《江苏省化工企业挥发性有机物污染整治验收办法（试行）》	—	管理	化工
29	江苏	《江苏省化学工业挥发性有机物无组织控制技术指南》	苏环办〔2016〕95号	技术	化学工业
30	江苏	《江苏省重点行业挥发性有机物排放量计算暂行办法》	苏环办〔2016〕154号	核算	石油化工、有机化工、表面涂装、包装印刷

序号	省份	文件名称	文号	文件类别	涉及行业
31	江苏	《表面涂装（汽车制造业）挥发性有机物排放标准》	DB 32/2862—2016	标准	汽车制造业
32	江西	《江西省有机化工等行业挥发性有机物综合整治方案》	赣环大气字〔2017〕54号	管理	有机化工、医药、表面涂装、塑料制品、包装印刷
33	山东	《山东省重点行业挥发性有机物综合整治方案》	—	管理	石化、有机化工、表面涂装、包装印刷
34	山东	《山东省重点行业挥发性有机物专项治理方案》	鲁环发〔2016〕162号	管理	石化、有机化工、表面涂装、包装印刷等重点行业
35	山东	《关于挥发性有机物排污收费等有关问题的通知》	鲁价费发〔2016〕47号	收费	石油化工、包装印刷
36	陕西	《关于印发陕西省重点行业挥发性有机物第一轮综合整治方案（2015—2017年）的通知》	陕环发〔2015〕90号	管理	石化、有机化工、表面涂装、包装印刷、家具制造、电子制造、餐饮服务
37	陕西	《挥发性有机物排放控制标准》	DB 61/T1061—2017	标准	汽车整车制造、印刷、木质家具制造、医药制造、电子产品制造、涂料与油墨及类似产品制造、橡胶制品制造、表面涂装
38	上海	《上海市重点化工企业（区）挥发性有机物（VOCs）控制试点工作实施方案》	沪环保总〔2011〕194号	管理	化工行业
39	上海	《关于加强本市重点行业挥发性有机物（VOCs）污染防治工作的通知》	沪环保防〔2012〕422号	管理	石化、有机化工、电子元器件制造（半导体制造等）、化学药品原药制造（生物制药等）、包装印刷、装备制造涂装（汽车制造、船舶制造等）、合成材料、塑料产品制造、电子电器产品制造、干洗、汽车修理等
40	上海	《上海市工业固定源挥发性有机物治理技术指引》	SEPB-VOCs BAT-201307-001（R1）	技术	工业
41	上海	《关于开展本市干洗行业挥发性有机物污染专项整治工作的通知》	沪环保防〔2013〕408号	管理	干洗行业
42	上海	《设备泄漏挥发性有机物排放控制技术规程（试行）》	沪环保防〔2014〕327号	技术	—
43	上海	《上海市挥发性有机物（VOCs）排污收费试点实施办法》	—	收费	石油化工、包装印刷、涂料油墨生产、汽车制造、船舶制造
44	上海	《关于开展本市重点行业挥发性有机物综合治理工作的通知》	沪环气〔2020〕41号	管理	石化化工、工业涂装、包装印刷、油品储运销

序号	省份	文件名称	文号	文件类别	涉及行业
45	上海	《上海市工业挥发性有机物减排企业污染治理项目专项扶持操作办法》	沪环保防〔2015〕325 号	管理	—
46	上海	《上海市船舶工业涂装过程挥发性有机物控制技术指南》	—	技术	船舶工业
47	上海	《上海市涂料、油墨及其类似产品制造工业挥发性有机物控制技术指南》	—	技术	制造业
48	上海	《上海市印刷业 VOCs 排放量计算方法（试行）》	—	核算	印刷业
49	上海	《上海市汽车制造业（涂装）VOCs 排放量计算方法（试行）》	—	核算	汽车制造业
50	上海	《上海市印刷业挥发性有机物控制技术指南》	—	技术	印刷业
51	上海	《上海市船舶工业 VOCs 排放量计算方法（试行）》	—	核算	船舶工业
52	上海	《上海市石化行业 VOCs 排放量计算方法（2017 年修订）》	沪环保防〔2017〕136 号	核算	石化行业
53	上海	《上海市涂料油墨制造业 VOCs 排放量计算方法（2017 年修订）》	沪环保防〔2017〕136 号	核算	涂料油墨制造业
54	上海	《上海市工业企业挥发性有机物排放量通用计算方法（试行）》	沪环保总〔2017〕70 号	核算	除已发布核算方法外的其他行业
55	上海	《上海市环境保护局关于加快推进工业挥发性有机物治理项目审核和资金补贴工作的通知》	沪环保防〔2017〕140 号	管理	—
56	四川	《四川省固定污染源大气挥发性有机物排放标准》	DB 51/2377—2017	标准	—
57	台湾	《挥发性有机物空气污染管制及排放标准》	—	标准	—
58	天津	《天津市工业企业挥发性有机物排放控制标准》	DB 12/524—2014	标准	工业
59	天津	《天津市泄漏检测与修复项目挥发性有机物排放量核算方法（暂行）》	—	核算	石油炼制和石油化学行业设备与管线
60	天津	《天津市石油化工和包装印刷行业挥发性有机物排污费征收标准实施细则（试行）》	津环保财〔2016〕177 号	收费	石油化工、包装印刷
61	天津	《关于加强挥发性有机物（VOCs）排污收费工作的通知》	—	收费	—
62	浙江	《关于印发〈浙江省挥发性有机物污染整治方案〉的通知》	浙环发〔2013〕54 号	管理	—
63	浙江	《浙江省工业企业挥发性有机物泄漏检测与修复（LDAR）技术要求》	浙环办函〔2015〕113 号	技术	工业

序号	省份	文件名称	文号	文件类别	涉及行业
64	浙江	《浙江省涂装行业挥发性有机物污染整治规范》	浙环函〔2015〕402 号	技术	涂装行业
65	浙江	《浙江省印刷和包装行业挥发性有机物污染整治规范》	浙环函〔2015〕402 号	技术	印刷和包装行业
66	浙江	《浙江省化学合成类制药工业大气污染物排放标准》	DB 33/2015—2016	标准	制药行业
67	浙江	《关于做好浙江省挥发性有机物排污收费试点工作的通知》	—	收费	石油化工、包装印刷
68	浙江	《浙江省工业涂装工序挥发性有机物排放量计算暂行方法》	浙环发〔2017〕30 号	核算	工业涂装
69	浙江	《关于做好挥发性有机物总量控制工作的通知》	浙环发〔2017〕29 号	管理	石化、包装印刷、农药、医药、合成树脂、化纤、橡胶和塑料制品制造、工业涂装、合成革、制鞋、纺织印染
70	浙江	《浙江省挥发性有机物深化治理与减排工作方案（2017—2020 年）》	浙环发〔2017〕41 号	管理	石化、化工、工业涂装、包装印刷等

从整体来看，我国各省份 VOCs 的管控力度基本与各省份经济发达程度以及工业生产情况相关，长三角、珠三角、京津冀地区近几年来既是经济高速发展的区域，同时也是 $PM_{2.5}$、O_3 污染的重灾区，地方生态环境主管部门对 VOCs 的管控力度远高于全国其他地区，涉及重点行业包括石化化工、制药、工业涂装、包装印刷等。

广东省属于我国较早开展 VOCs 管控的省份，2010 年发布表面涂装业、家具制造业、制鞋业、印刷业 4 个行业的 VOCs 排放标准，标准中除排放限值要求外，还对生产工艺和管理提出了要求。近几年管控思路主要集中在各行业 VOCs 治理技术、核算等方面，并随着主要污染物由 $PM_{2.5}$ 转为臭氧，从管控政策的角度也逐渐从单纯的 VOCs 减排转移到 VOCs 与 NO_x 的协同控制。

根据各省份文件的主要管控内容进行分类，约有 38%属于管理类文件，且大部分省份均有发布，对相关行业提出开展综合整治等方面的管理要求；约有 17%为 VOCs 管控标准，针对单行业管控的通常为“排放标准”，针对工业企业或多行业的综合性标准，突出了“排放控制标准”的要求，从整体来看，VOCs 管控标准不单单通过限定排放浓度，同时还提出了工艺和管理要求；约有 18%为技术类文件，主要是浙江、上海、江苏和广东等经济发达地区，为行业 VOCs 的污染防治工作提供整治规范、治理技术指南等；其余文件主要用于行业 VOCs 排放量核算和排污收费等工作。

1.5 我国工业企业挥发性有机物管控现状及常见问题

1.5.1 我国工业企业挥发性有机物管控现状

2010年5月,《国务院办公厅转发环境保护部等部门关于推进大气污染联防联控工作改善区域空气质量指导意见的通知》(国办发〔2010〕33号)正式从国家层面将挥发性有机物(VOCs)列为重点防控大气污染物。2013年9月,国务院印发《大气污染防治行动计划》,将VOCs排放是否符合总量控制要求作为建设项目环境影响评价审批的前置条件,并纳入排污费征收范围。2015年修订的《中华人民共和国大气污染防治法》充分体现了从源头、过程、管理到末端的全过程精细化管理,以及对多污染物(包括SO_2、NO_x、颗粒物、VOCs以及氨等)与温室气体实施协同控制的管控理念。在此理念指导下,国家又先后制定和颁布了《石化行业挥发性有机物综合整治方案》、《石化行业VOCs污染源排查工作指南》和《石化企业泄漏检测与修复工作指南》等技术规范和指南,初步形成了石化行业VOCs排放量核算方法、采样检测规范以及综合管控要求,有力地支撑了石化行业VOCs管控体系的完善与提升。随后,相关部门积极推进VOCs污染管控,密集出台相关政策、标准、规范、指南等系列文件,从减排、整治、收费等方面提出要求。2018年1月,财政部、国家发展改革委、环境保护部和国家海洋局联合发布《关于停征排污费等行政事业性收费有关事项的通知》(财税〔2018〕4号),《财政部 国家发展改革委 环境保护部关于印发〈挥发性有机物排污收费试点办法〉的通知》(财税〔2015〕71号)同时废止。

"十三五"期间,我国环境保护工作进入新常态阶段,在大气环境方面,以细颗粒物($PM_{2.5}$)和臭氧(O_3)为特征污染物的区域复合型污染逐渐取代了传统煤烟型污染,挥发性有机物(VOCs)、氨(NH_3)、有毒有害大气污染物(HAPs)以及持久性有机物(POPs)等对区域或流域环境的影响也日渐凸显。为落实《中华人民共和国国民经济和社会发展第十三个五年规划纲要》《"十三五"生态环境保护规划》《"十三五"节能减排综合工作方案》相关要求,2017年9月,环境保护部、国家发展改革委、财政部等六部委联合印发《"十三五"挥发性有机物污染防治工作方案》,全面加强VOCs污染防治工作,强化重点地区、重点行业、重点污染物的减排。但相较于20世纪50年代开始VOCs管控的美国、欧盟等发达国家和地区,我国VOCs管控研究尚处于起步阶段,污染控制仍面临诸多挑战和问题。

1.5.1.1 VOCs与常规污染物管控差异大且管控基础薄弱

与NO_x、SO_2等常规污染物相比,VOCs具有来源众多、污染源项广泛、物质种类繁多、无组织排放为主、排放量核算复杂等典型特点。VOCs排放来源包括石化、印刷、家具、汽车和船舶制造、油品及溶剂储运、电子等行业；污染源项包括设备动静密封点排放、污水收集/处理排放、循环水场排放、工艺有组织排放、工艺无组织排放、储存装卸过程排放等，其中大多数为无组织排放源；目前USEPA公布的VOCs物质为1 500多种/类，种类繁多；排放量核算复杂，涉及基础参数较多，如核算有机液体储存源项的排放量需统计周转量、储存温度、蒸气压等20余项参数。目前，从技术装备水平、人员认知能力等方面，对VOCs管控基础相对薄弱，因此，VOCs的管理控制不同于常规污染物的末端治理，须遵循全过程精细化过程管理的管控思路和理念。

1.5.1.2 标准体系不健全，监测/检测方法相对滞后

我国针对VOCs污染防控的标准体系尚不健全，国家和地方密集出台的相关标准覆盖面较窄且VOCs的表征方式不统一。目前监测/检测方法相对滞后，主要体现在：

①前处理复杂：根据VOCs样品的状态，前处理有顶空、吹扫捕集、热脱附和溶剂解吸等多种形式，前处理复杂，对分析结果影响较大；

②定性难度大：采用气质联用仪进行定性，对分析人员要求较高，需结合企业的具体生产及工艺情况和仪器的谱图来确定可能存在的VOCs物质，再进一步用标准物质进行确定；

③全组分定量难度大：在定量分析时，分析标准中给定的标准物质只有60种左右，标准中不包含的VOCs物质，其标准物质难以获取，全组分定量分析难度较大。

1.5.1.3 使用的估算方法不统一，多行业污染源项不明、各行业排放底数不清

在2016年全国环境保护工作会议中，环境保护部部长指出，全国VOCs排放量高达3 000多万t。华南理工大学2012年研究表明，我国人为源VOCs排放中工业源、移动源、生活源和其他占比分别为56%、22%、20%和3%，其中工业源中的石化化工、表面涂装、溶剂使用和储运占比分别为23%、21%、42%和14%。此外，中国环境科学研究院研究数据表明，我国VOCs排放总量约为2 014万t，其中工业过程、能源生产加工与储运、农村生物质燃烧、机动车尾气、厨房油烟、涂料使用占比分别为27%、9%、15%、28%、5%、16%；工业过程总排放量为548万t，其中化学原料及化学品生产、塑料制品生产、轮胎生产、化学原药制造、交通工具制造、纺织、皮革、制鞋、有色金属冶炼、造纸印刷和黑色金属冶炼占比分别为14%、2%、3%、16%、3%、32%、11%、1%、1%、16%和1%。还有研究显示，2019年我国人为源VOCs排放总量高达8 320万t，其中固定燃烧源是最重要的排放环节，排放占比达26%；其次是工艺过程，排放占比为24%；移动源和溶剂使用排放占比分别为22%和21%；储存和运输排放占比为7%。由于估算方法和基础数据来源不一，各类研究估算的结果差距较大，且多个行业污染源项不明，排放底数不清。

1.5.1.4 治理技术薄弱，管理模式及思路存在不足

2013 年，环境保护部出台了《挥发性有机物（VOCs）污染防治技术政策》，提出对生产 VOCs 物料和含 VOCs 产品的生产、储存、运输、销售、使用、消费等各环节的污染防治策略和方法。其中，工业源主要包括石油炼制与石油化工、煤炭加工与转化等含 VOCs 原料的生产行业，油类（燃油、溶剂等）储存、运输和销售过程，涂料、油墨、胶粘剂、农药等以 VOCs 为原料的生产行业，涂装、印刷、黏合、工业清洗等含 VOCs 产品的使用过程。自此，重点行业的污染防治可行技术指南、废气治理工程技术规范以及吸附法和燃烧法的工程技术规范陆续出台。国家层面已出台的与末端治理技术相关的文件见表 1-6。

表 1-6 国家层面已出台的末端治理技术相关文件

序号	文件名称
	工程技术规范系列
1	《包装印刷业有机废气治理工程技术规范》（HJ 1163—2021）
2	《工业锅炉烟气治理工程技术规范》（HJ 462—2021）
3	《石油炼制工业废气治理工程技术规范》（HJ 1094—2020）
4	《陶瓷工业废气治理工程技术规范》（HJ 1092—2020）
5	《蓄热燃烧法工业有机废气治理工程技术规范》（HJ 1093—2020）
6	《铜冶炼废气治理工程技术规范》（HJ 2060—2018）
7	《铅冶炼废气治理工程技术规范》（HJ 2049—2015）
8	《吸附法工业有机废气治理工程技术规范》（HJ 2026—2013）
9	《催化燃烧法工业有机废气治理工程技术规范》（HJ 2027—2013）
	污染防治可行技术指南系列
1	《纺织工业污染防治可行技术指南》（HJ 1177—2021）
2	《涂料油墨工业污染防治可行技术指南》（HJ 1179—2021）
3	《汽车工业污染防治可行技术指南》（HJ 1181—2021）
4	《家具制造工业污染防治可行技术指南》（HJ 1180—2021）
5	《工业锅炉污染防治可行技术指南》（HJ 1178—2021）
6	《印刷工业污染防治可行技术指南》（HJ 1089—2020）
7	《陶瓷工业污染防治可行技术指南》（HJ 2304—2018）
8	《炼焦化学工业污染防治可行技术指南》（HJ 2306—2018）
	环境保护产品技术要求
1	《环境保护产品技术要求 工业有机废气催化净化装置》（HJ/T 389—2007）
2	《环境保护产品技术要求 工业废气吸附净化装置》（HJ/T 386—2007）
3	《环境保护产品技术要求 工业废气吸收净化装置》（HJ/T 387—2007）

总体而言，VOCs 污染防治遵循源头和过程控制与末端治理相结合的综合防治原则。对于末端治理与综合利用，在工业生产过程中鼓励 VOCs 的回收利用，并优先鼓励在生

产系统内回用。对于含高浓度 VOCs 的废气，宜优先采用冷凝回收、吸附回收技术进行回收利用，并辅助以其他治理技术实现达标排放。对于含中等浓度 VOCs 的废气，可采用吸附技术回收有机溶剂，或采用催化燃烧和热力焚烧技术净化后达标排放，当采用催化燃烧和热力焚烧技术进行净化时，可进行余热回收利用。对于含低浓度VOCs的废气，有回收价值时可采用吸附技术、吸收技术对有机溶剂回收后达标排放；不宜回收时，可采用吸附浓缩燃烧技术、生物技术、吸收等技术净化后达标排放。含有有机卤素成分VOCs的废气，宜采用非焚烧技术处理。

此外，严格控制 VOCs 处理过程中产生的二次污染，对于催化燃烧和热力焚烧过程中产生的含硫、氮、氯等的无机废气，以及吸附、吸收、冷凝、生物等处理过程中所产生的含有机物废水，应处理达标后排放。对于不能再生的过滤材料、吸附剂及催化剂等净化材料，应按照国家固体废物管理的相关规定处理处置。

四川、广东、浙江等省根据其省内的主要行业类别，也出台了挥发性有机物污染防治可行技术指南。VOCs污染管理应优先选用源头控制技术，主要目标是不产生或少产生污染物，清洁原辅料、溶剂替代、设计优化等是源头控制的主要手段。我国企业 VOCs 源头控制技术的应用尚不广泛，还处于初级阶段，管理模式及思路存在不足。

1.5.2 我国工业企业挥发性有机物综合治理常见问题

1.5.2.1 企业未建立系统化管控思想

（1）企业偏重末端治理，忽视收集效率，综合管控效率核定有误

VOCs治理综合管控效率应为收集效率、去除效率和投用效率的综合体现，是全过程精细化管理的综合性考核指标，然而目前大部分企业将VOCs末端治理设施“去除效率”误等同于整个系统的“综合管控效率”，如部分企业有机液体装卸挥发治理措施将去除效率当作综合管控效率，由此反映出企业忽略了收集效率和治理设施投用效率在 VOCs 核算及管控中所起到的重要作用，不仅致使排放量核算有误，而且影响企业对开展相应减排措施的判断。

此外，虽然企业 VOCs 管控思想及日常管理水平正在逐渐提高和加强，但管控思想仍偏向于末端治理，更多考虑如何避免或降低监管部门对企业的行政处罚，不利于提升企业在国际同行中的竞争力。例如，个别石化化工企业装卸源项的去除效率为 95%，而综合管控效率低于 10%，虽投入大量资本，但未起到明显改善环境质量的作用。

（2）清洁生产水平及日常管理方面有待提高

我国针对 VOCs 污染管控的相关研究处于起步阶段，部分企业存在不达标情况，大多数企业的清洁生产水平有待提高。例如，部分企业的有机液体存储未安装油气回收设施；污水收集和输送未采取密闭设施，部分设施加盖收集但气密性有待加强；个别企业

火炬气无收集系统；部分有机液体仍采用喷溅式装载；个别企业的中间产品和产品装卸逸散较多，造成厂区环境的污染。

企业在 VOCs 日常管理方面也存在一些问题。涉及 VOCs 核算及管控的主要问题为参数统计有误，如某石化企业有机液体储存中用于储存的总周转量与实际周转量相差3 倍；未建立挥发性有机物泄漏检测与修复（LDAR）管理制度；台账机制不健全，如部分企业对引燃设施和火炬的工作状态未进行连续记录；个别企业的火炬存在长明灯熄灭的情况等。

（3）排放源项识别不够全面，且存在差异

企业已开展有组织和无组织排放气的相关基本信息的统计工作，但针对 VOCs 污染源项识别不够全面且存在认识上的差异，如炼化企业除延迟焦化以外的其他生产或操作过程中也存在无组织排放源项但未统计排放量；甲醇制烯烃的聚丙烯装置离心干燥器排放气、环氧乙烷/乙二醇装置抽真空系统液相吸收后排放气和 CO_2 排放气等部分工艺有组织排放源中的 VOCs 排放未统计；精对苯二甲酸（PTA）生产中间产品粗对苯二甲酸（CTA）装车的 VOCs 排放未统计；储罐周转量未考虑倒罐周转部分、部分溶剂储罐未纳入排放源项识别范围等。

1.5.2.2 核算方法使用存在差异

（1）行业 VOCs 核算方法初步建成

2015 年 6 月，财政部、国家发展改革委和环境保护部联合发布了《关于印发〈挥发性有机物排污收费试点办法〉的通知》（财税〔2015〕71 号），包括石油化工行业和包装印刷行业的核算方法。2015 年 11 月，环境保护部发布了《石化行业 VOCs 污染源排查工作指南》，提出我国石化行业 VOCs 污染源排查及源强核算方法，分为实测法、公式方程法、物料衡算法、工程估算法、排放系数法，沿此顺序工作量减少、准确度降低、VOCs 核算量增大，其中部分方法参考 USEPA 推出的核算方法和模型，但由于国内外工艺路线、原料或产品的理化性质存在较大差异等，部分核算方法及排放系数适用性不强，未全面进行本土化。

2017—2020 年，根据《第二次全国污染源普查方案》（国办发〔2017〕82 号）的要求，VOCs 作为一项大气污染因子首次纳入普查，普查时期资料为 2017 年度，工业源普查范围为《国民经济行业分类》（GB/T 4754—2017）中采矿业，制造业，电力、热力、燃气及水生产和供应业的 666 个小类行业的全部工业企业。第二次全国污染源普查中将工业源 VOCs 正常工况下的有组织和无组织排放归类成 10 类源项，分别为设备动静密封点泄漏、有机液体储存、有机液体装卸、固体物料堆存、燃烧烟气、循环冷却水系统、工艺有组织、工艺无组织、废水集输储存处理、有机溶剂使用排放源。其中前 6 类源项，行业工艺特性较弱，归为公共源项，跨行业开展调查，建立所需关键参数的数据库，提出公共源项的核算方法和产排污系数。后 4 类源项行业特性较强，归为非公共源项，根据“产品、原料、工艺、规模”的四同组合，提出基于产品/原料的产污系数。各行业先确定源项范围，所有源项排放之和即为总排放量。基于第二次全国污染源普查，已建立一套相对完整的我国本土化工业源 VOCs 排放量核算方法。

（2）已出台的核算方法在使用中存在差异

由于各级培训不到位及相关一线工作人员认识偏差，企业在核算参数的理解、选取、确定及使用过程中存在差异，导致其自行核算结果与已经出台的石油化工行业的核算方法存在偏差。另外，核算过程中的人为误差与系统误差无法避免，VOCs 核算过程中误差会产生、传递与累积。具体表现在：

①缺失关键油品物性参数，只能使用已发布文件中的默认值。

部分企业无相关油品的雷德蒸气压及馏出温度，因此在计算储罐和有机液体装卸排放过程中，主要参考已发布文件中油品默认雷德蒸气压等参数，导致核算结果与实际情况存在较大差异。以裂解石脑油储罐为例，若无相应油品参数则代入轻石脑油数据，在 17℃下的真实蒸气压为 57.5 kPa，则相应内浮顶罐的边缘密封损失为 2.8 t/a，若按照雷德蒸气压 43.6 kPa 及相应馏出温度代入，17℃时的真实蒸气压为 22.9 kPa，相应内浮顶罐边缘密封损失为 0.9 t/a，两者相差 2.1 倍。油品真实蒸气压的计算未采用储存温度，个别企业采用低于储存温度的日均液体表面温度或环境温度，致使真实蒸气压结果偏低，核算排放量也偏低。

②缺少储罐 VOCs 排放核算的相关参数。

部分企业缺少储罐 VOCs 排放核算的相关参数，如盘缝因子、浮顶罐内壁油品附着情况、浮盘附件情况等。例如，浮顶罐油垢因子在一定程度上表现为罐壁或内浮顶罐支撑柱表面附着的有机液体厚度，并能反映出浮盘密封效果，由于已发布文件中油垢因子重锈是轻锈的 100 倍，对于某储罐，若按轻锈算 VOCs 排放量为 0.019 t/a；若按重锈计，则为 0.325 t/a，两者相差约 16 倍。

③盘缝长度因子未根据实际情况计算。

盘缝长度因子为盘缝长度与浮盘面积的比值，企业可选择已发布文件中提供的两个参考值或根据实际情况按公式法确定该参数。盘缝长度因子直接影响浮顶罐盘缝损失，对于某内浮顶罐，如果根据实际情况确定盘缝长度因子为 0.257，计算排放量为 0.348 t/a，而如果参照已发布文件中选取参数则为 4.8，计算排放量为 6.485 t/a，两者相差约 17.6 倍。

④废水源项和循环水源项未采用排查指南中系数。

已发布文件规定废水收集系统排放系数为 0.6 kg/m^3，部分企业选择非国家发布文件中的 0.032 kg/m^3，核算结果相差十余倍。部分企业用于核算循环水源项排放量的排放系数不足已发布文件中排放系数的10%。

⑤LDAR台账未建立或存在问题。

石化企业依据《石化企业泄漏检测与修复工作指南》(以下简称《指南》)开展LDAR工作，但存在个别企业尚未建立LDAR台账，核算采用的企业初步统计的密封点类型不全面、数量不足，未能全面反映设备动静密封点泄漏VOCs排放情况；或LDAR台账建立与《指南》不符，如将阀门划分为压盖和填料两个密封点、乙二醇识别为轻液、未统计不可达点等；开放式采样系统的开口管线未选用平均排放系数法；LDAR未采用响应因子修正检测值，当受控设备的物料组分响应因子大于3时，LDAR检测数据需要考虑根据响应因子进行调整，而个别企业存在响应因子未修正的问题。

除核算方法带来误差外，在数据采集、参数设计与采集过程中人为原因造成的误差同样不可忽视。对于LDAR工作而言，在数据采集阶段造成误差的原因很多，包括但不限于以下几点：a. 对工艺不熟悉，错误判断管道中的介质；b. 遗漏管线、阀门、法兰等，造成数据不完整；c. 检测人员操作不当，未按照相关操作要求正确使用检测仪器；d. 检测仪器使用不当，未按期进行仪器校核、漂移测定等；e. 后期整理过程中造成的数据丢失、覆盖、错乱；f. 未进行实际监测，随机填写核算的基础参数等。

⑥废气流量、组成等参数缺失。

部分企业未对燃烧烟气的流量、火炬气流量和组成等进行监测和记录；所有调研企业均未对装置停车检维修期间开盖排气的VOCs气体组分、分子量、体积分数等进行测量；部分关键参数根据日常经验估算，并不是实际测量或计算中获得；核算数据的真实性无法得到保障；企业提供的监测数据不具备统计意义。以上这些都会导致最终的结果出现偏差。

1.5.2.3 污染治理设施缺失或运行效果不理想

目前，VOCs治理技术主要包括溶剂吸附法、吸收法、热破坏法、生物膜法、电晕法、光分解法、等离子体分解法及组合技术等，但多数VOCs末端治理工艺技术大都存在工艺实用性差、治理成本高、综合效率低、集成性不足、管理维护工作量大等问题。总体上，我国VOCs的管控基础薄弱且主要集中在末端治理，对于材料升级替代、装备升级改造、工艺优化、过程检漏预警等的源头控制和过程控制研究薄弱；全过程整体解决方案、成套技术和装备的研发及工业化应用研究较少；技术人员素质和管理水平有待提高。

此外，部分污染治理设施缺失或运行效果不理想。例如，部分企业的装车设置油气回收设施，但现阶段尚未回收到物料或回收物料很少，综合管控效率很低；部分企业污水产生废气的VOCs处理设施运行效果差；部分企业的现场废气监测仪进行了一次采样，不具有统计意义，但一次数据显示个别排放源存在超标现象，如个别企业重整催化再生烟气、丁苯橡胶和顺丁橡胶尾气，酸性水罐排气和连续重整四合一加热炉排气，聚丙烯造粒机废气，CTA 料仓输送气，PTA 结晶和干燥尾气，常压吸收塔出口尾气，水煤浆锅炉烟气等；个别企业重整催化再生烟气中的非甲烷总烃和苯、丁苯尾气和顺丁橡胶尾气中的非甲烷总烃、顺丁橡胶尾气中的苯和正己烷等浓度存在超标现象，超标倍数为几倍到十几倍；个别企业的工艺尾气处理效率有待核实。

1.5.2.4 VOCs 采样、监测及质量控制相关问题

目前石化行业 VOCs 综合整治基础相对薄弱，大部分企业不具备 VOCs 监测能力，少数具备监测能力的企业也基本未对工艺有组织尾气、废水和循环水等源项进行定期监测，以获取具有统计学意义的监测数据。企业未系统开展监测统计工作，监测频次及表征方式不统一，无法判断监测数值的有效性。

有组织排放及燃烧烟气的现场监测数据普遍大于企业上报数据。如燃烧烟气，部分企业提供的排放数据为实测基础上的保守估算值，现场监测表明，动力锅炉和加热炉的 VOCs 排放浓度值普遍远高于企业提供的实测值。除采样—监测—分析整个过程本身的系统误差，还可能是由于燃烧工况（如供氧量）的不稳定导致了燃烧效率的变化，致使监测数据存在差异。

2 挥发性有机物污染源排查的理论基础

2.1 全过程精细化管控思想——核心思想

目前 USEPA 公布的 VOCs 物质有 1 500 多种/类，种类繁多。VOCs 的控制相较于常规大气污染物（如 SO_2、NO_x 等）具有排放源多、排放情况复杂等特点，因而，对于 VOCs 排放的控制应该有别于常规大气污染物的思路，即应由传统的单一型末端治理模式向集“管理控制、源头预防、过程控制以及末端治理”的全过程精细化管控思路与开放式监管模式于一体的系统思想转变（见图 2-1）。

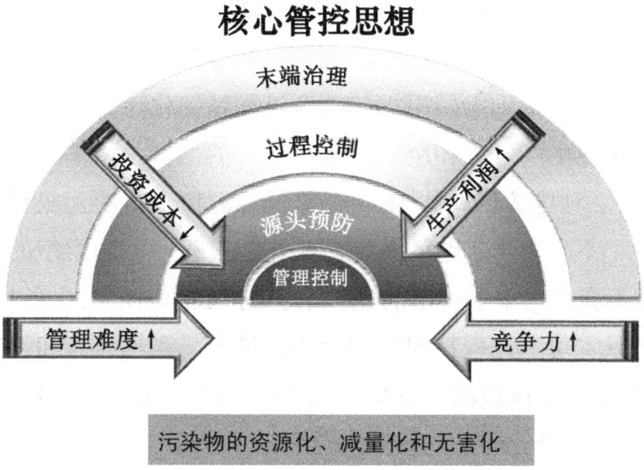

图 2-1 全过程精细化管控核心思想示意

在统一管控思路指导下，以管理控制为核心，结合“管理控制、源头预防、过程控制以及末端治理”的全过程精细化管控思想，构建企业申报、政府监管、公众参与以及社会监督的开放式、共享型 VOCs 综合管控平台（以下简称平台）。企业通过统一的格式报告，上传至平台，以大数据、“互联网+”技术为手段，为实现政府、企业、公众以及社会多元化 VOCs 治理提供便利工具。将 VOCs 排放量估算、排放申报、监管排查、监督、检测/监测、修复/治理、治理技术评估以及达标可行性分析等一系列工作，作为排污许可制度、环境影响评价、环境保护税以及总量控制等重要环境管理制度有效实施的科学依据。

基于上述核心思想、手段，平台可通过构建创新型 VOCs 环境管理模式，逐步实现固定源、移动源以及面源 VOCs 排放管控的有效整合；协调排污许可、环境影响评价、达标排放以及总量核算等核心环境管理制度的系统化优化和无缝式衔接；通过建立开放式、共享型监管模式，形成环境监测、环境监察和总量控制等相关部门数据联审制度，鼓励公众和社会组织参与数据监督和审核，强化信息公开、社会监督，为持续改善环境空气质量提供重要保障。

2.2 工业污染源归类解析——理论基础

传统的工业污染源分类方式有很多种，按污染物类型可分为废气、废水、固体废物等；按生产工况可分为正常工况排放、非正常工况排放、事故排放；按污染物排放形式可分为有组织排放、无组织排放；按污染源类型可分为点源、面源、体源、线源；按排放的连续性可分为连续性排放和间歇性排放。

本书在总结多年石化化工、煤化工、制药农药等建设项目环境保护管理工作和相关行业污染管理成熟经验的基础上，根据建立全过程精细化污染管控和开放式环境管理理念的原则，通过对企业生产过程和废气排放形式等的剖析，将工业企业的废气污染源归类为 3 种生产工况、2 种排放形式共 16 类污染排放源项。16 类污染排放源项基本可以覆盖不同类型的企业、不同生产工艺的各种污染排放过程，不同类型的企业和工艺可能存在差异性，但一般不会超出本书提出的 16 类污染排放源项，工业企业通过对 16 类污染排放源项的解析可以实现全过程精细化的污染源排查、源项核算和污染控制。有关污染企业均可以从这 16 类污染排放源项着手自我排查、治理与污染管控，监管部门同样可以从这 16 类污染排放源项进行相关的核查与监督。

归类解析体系起初是为了控制石化行业的 VOCs 排放，经过几年的完善，从最初的 9 类发展到现在的 16 类，基本可以包含各种石化化工、工业涂装、包装印刷等重点行业企业的大气污染排放源，也包含了 VOCs 在内的各种污染物排放。监管者在执法过程中易对号入座，尤其不会被石化化工企业有如迷宫般的门类所困惑；企业应用此方法，可以核查自身的薄弱环节，对症下药。针对这 16 类污染排放源项各自特点，分别制订和采取污染控制措施，包括设备、管件等硬件和管理、应急等软件，是环境污染控制向精细化迈进的基础。具体分类情况见表 2-1 和图 2-2。

表 2-1 工业企业废气污染源归类解析

序号	源项解析	排放形式	排放工况
1	设备与管线组件泄漏	有（无）组织	正常
2	挥发性有机液体储罐排放	有（无）组织	正常
3	挥发性有机液体装载排放	有（无）组织	正常
4	敞开液面 VOCs 逸散过程排放	有（无）组织	正常
5	燃烧烟气排放	有组织	正常
6	工艺过程 VOCs 有组织排放	有组织	正常
7	循环冷却水系统排放	有（无）组织	正常
8	含 VOCs 产品的使用过程排放	无组织	正常
9	工艺过程 VOCs 无组织排放	无组织	正常
10	采样过程排放	无组织	正常
11	涉 VOCs 固体物料堆存过程排放	有（无）组织	正常
12	厂内道路及非道路移动源排放	无组织	正常
13	洗车过程排放	有（无）组织	正常
14	非正常工况（含开停工及维修）排放	有（无）组织	非正常
15	事故排放	无组织	事故
16	火炬排放	有组织	非正常、正常

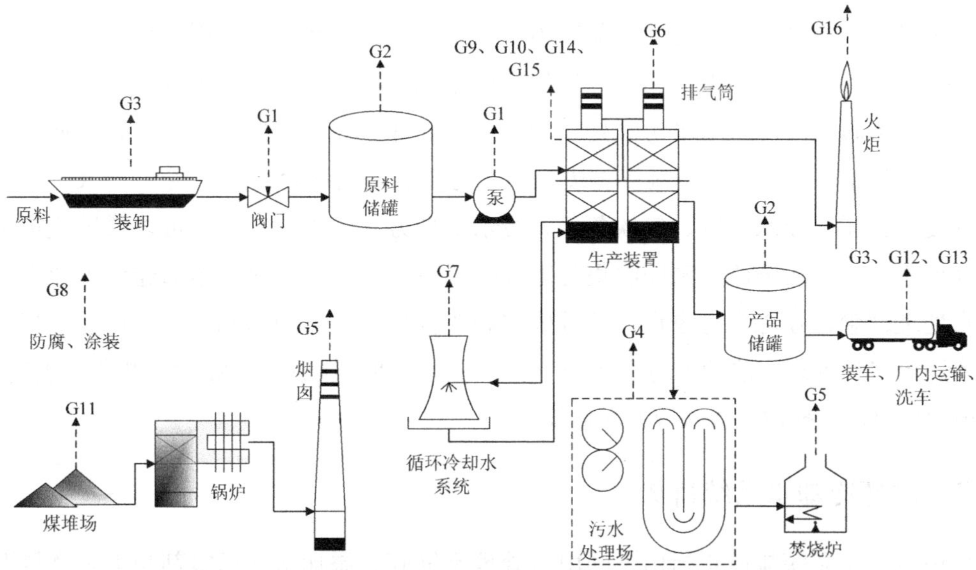

G：气体；数字表示污染源项，同一个数字表示同一类污染源。

图 2-2 工业企业废气污染源归类解析

本书研究内容涉及设备与管线组件泄漏、敞开液面 VOCs 逸散过程排放、循环冷却水系统排放、采样过程排放和涉 VOCs 固体物料堆存过程排放等。

2.2.1 设备与管线组件泄漏

设备内的物料可通过设备与管线组件泄漏到环境中，这是一种工业企业遍布存在的小型无组织排放源，属于正常工况下的无组织排放，以无组织排放为主。设备与管线组件泄漏类型主要包括泵、压缩机、搅拌器、阀、泄压设备、取样连接系统、开口管线、法兰、连接件和其他等 10 大类，既存在于生产装置中，也存在于储存、装卸、供热供冷等公辅设施中。以一个千万吨级炼油企业为例，其动静密封点几十万乃至几百万个，VOCs 排放量在几千吨至几万吨都有可能，排放量的差距与工艺配置、规划设计、投资建设等都有关系。因此，可以采用减少密封点、密封级别提升、实施设备泄漏检测与修复（LDAR）等手段控制 VOCs 排放。其排放量估算可采用实测法、相关方程法、筛选范围法和平均排放系数法等方法实现。

2.2.2 敞开液面 VOCs 逸散过程排放

大部分工业企业都会产生废水、废液，其中含有的有机成分随着温度变化，可能释放到大气中，有时不同类型的废水在收集系统中发生化学反应还可能释放出新污染物进入大气。这也属于正常工况下的无组织排放。当采取废气收集处理措施后，可将其转化为有组织排放。需要注意的是，目前国内很多工业企业废水处理采用生化法，虽然处理成本低、适应性强，但在曝气和生化过程中产生大量污染物被带到大气中，实质上造成了一定的污染转换，导致很多污水处理设施周边异味严重。虽然现在很多企业通过加盖收集废气，但由于废气量大，难以将废气中的污染物彻底清除。敞开液面 VOCs 排放量主要受废水性质、废水温度、气候条件、废水处理方式等因素影响，可以通过改进废水收集处理系统，清污分流、密闭收集处理等手段有效控制。同时，本书建议工业企业更新废水处理理念，在综合考虑设计运行成本和避免二次污染的基础上，进行包括高浓度废水焚烧等多种处理方法的多方案比选。敞开液面 VOCs 排放量可采用实测法、物料衡算法、模型计算法、排放系数法等方法估算。

2.2.3 循环冷却水系统排放

循环冷却水系统排放是指由于回用水处理不彻底、添加水质稳定剂和工艺物料泄漏将污染物带入循环冷却水中，污染物通过循环水冷却塔的闪蒸、汽提和风吹等作用释放到大气中，这是一种正常工况下连续不稳定的无组织排放。循环水 VOCs 泄漏排查和修复已成为循环水场重要的管控部分，VOCs 排放量主要受循环冷却水中（泄漏的）物料量、水质稳定剂的挥发性、回用水水质、环境温度、循环水量等因素影响，可以通过控制回用水指标、优选水质稳定剂、定期检测循环水水质等手段有效控制。本书建议企业应严格控制浊循环，避免污染物转移。循环水冷却系统 VOCs 排放推荐估算方法包括汽提监测法、物料衡算法和排放系数法。

2.2.4 采样过程排放

在化工生产过程中为保证生产出合格产品，需要对各工艺阶段的物料、中间产品以及成品进行取样分析，样品通过一个采样管线/井上的阀门开启并收集一定体积的液体或气体，将样品采入特定的取样容器中，这一过程也会排放 VOCs，属于正常工况下的无组织排放。由于化工企业采样分析的频次、点位较多，因此这部分的污染排放不可忽视。采样过程排放 VOCs 主要受置换物料性质、置换量及收集和处理方式等因素影响。因此，可以通过密闭采样方式，避免这一环节的 VOCs 排放。

2.2.5 涉 VOCs 固体物料堆存过程排放

大部分工业企业都会涉及有机固体的原料、产品、中间产品、废弃物等［如煤炭、橡胶、树脂颗粒、炭黑、轮胎、磷肥、焦炭、沥青、污泥、废催化剂、废活性炭（焦）、废树脂、废白土、废瓷球、废脱氯剂、废分子筛等］。这些固体物料在开放式的环境下堆存和装卸，不仅会有扬尘污染，固体物料附着或者内含挥发性物质的，在阳光或者高温条件下，还会释放 VOCs，属于正常工况下的无组织排放。当采取废气收集处理措施后，可将其转化为有组织排放。固体物料堆存和装卸的释放主要受物料性质、堆存方式、装卸方式、气象条件等因素影响。因此，可以通过避免露天堆存和装卸、改进包装、采取末端收集回收或者处理措施等手段进行控制。目前企业往往关注这一源项产生的扬尘污染，但还未重视过程中 VOCs 的排放。

2.3 污染物综合管控效率——管理方法

污染物综合管控效率，简称“综合效率”，即收集（捕集）效率、去除（回收）效率和投运（在线）率的乘积，已在实践中得以验证，是行之有效驱动减排的“利器”。从方法学角度来讲，综合效率全面体现了管理控制、源头预防、过程控制和末端治理的综合管控水平，可科学量化大气、水污染物的有组织、无组织、正常工况及非正常工况的排放，以及固体废物的收集、处置，从而满足对污染源实施全过程系统化、精细化的管控要求。量化指标如下：

①综合效率=收集效率×去除效率×投运率；

②污染物排放量=污染物产生量×（1−综合效率）；

③污染物排放量=污染物无组织排放量+污染物有组织排放量；

④污染物无组织排放量=污染物产生量×（1−收集效率×收集设施投运率）；

⑤污染物有组织排放量=污染物产生量×收集效率×收集设施投用率×（1−污染治理设施去除效率×污染治理设施投运率）；

⑥收集效率=收集设施收集污染物的量/污染物产生量；

⑦去除效率=1−污染治理设施污染物排放量（有组织排放量）/（污染物产生量×收集效率×收集设施投运率）；

⑧投运率=污染治理（捕集）设施年投运时间/相应产生污染物的主体设施年运行时间。

以综合效率管控理念为基础，分步规划污染减排路线图。污染减排策略可分为：①基于“多排放”转向“少排放”的下策管控模式（即末端治理方式）；②基于“少排放”转向“少产生”的中策管控模式（即源头预防、过程控制和末端治理相结合）；③基于“少产生”转向“不产生”的上策管控模式（即管理控制、源头预防、过程控制和末端治理相结合的全过程精细化管控方式）。以综合效率指标为管控杠杆，以综合效率全面替代污染物去除效率，并作为约束性考核指标，逐步构建科学、合理、可操作的核定体系，实现污染物全过程管控的量化与考核，最终实现环境和经济的协调发展。

2.4 挥发性有机物污染源排查程序

本书中涉及的工业企业包括以原油、重油等为原料生产汽油馏分、柴油馏分、燃料油、石油蜡、石油沥青、润滑油和石油化工原料等的石油炼制工业生产性企业，以石油馏分、天然气为原料生产有机化学品、合成树脂原料、合成纤维原料、合成橡胶原料等的石油化学工业生产性企业，以及油品储运、油品码头、煤化工、农药、制药等工业企业。

根据污染源归类解析，将工业企业VOCs污染源的排查范围确定为16类源项（见表2-2）。

表2-2 VOCs污染源排查范围

序号	源项	描述
1	设备与管线组件泄漏	装置或设施的动、静密封点排放的VOCs
2	挥发性有机液体储罐排放	VOCs排放来自挥发性有机液体固定顶罐（立式和卧式）、浮顶罐（内浮顶式和外浮顶式）的静置呼吸损耗和工作损耗
3	挥发性有机液体装载排放	挥发性有机液体在装卸、分装过程中逸散进入大气的VOCs
4	敞开液面VOCs逸散过程排放	废水在收集、储存及处理过程中从水中挥发的VOCs

序号	源项	描述
5	燃烧烟气排放	主要是指锅炉、加热炉、内燃机和燃气轮机等设施燃料燃烧过程排放的烟气
6	工艺过程 VOCs 有组织排放	主要指生产过程中装置有组织排放的工艺废气，其 VOCs 排放量受生产工艺过程的操作形式（间歇式、连续式）、工艺条件、物料性质影响
7	循环冷却水系统排放	由于设备泄漏，导致有机物料和冷却水直接接触，冷却水将物料带出，冷却过程由于凉水塔的汽提作用和风吹逸散，从冷却水中排入大气的 VOCs
8	含 VOCs 产品的使用过程排放	企业建设期和运营期对挥发性有机溶剂类使用造成的排放
9	工艺过程 VOCs 无组织排放	是指非密闭式工艺过程中的无组织、间歇式的排放，在生产材料准备、工艺反应、产品精馏、萃取、结晶、干燥、卸料等工艺过程中，污染物通过生产加注、反应、分离、净化等单元操作过程，通过蒸发、闪蒸、吹扫、置换、喷溅、涂布等方式逸散到大气中，属于正常工况下的无组织排放
10	采样过程排放	采样管线内物料置换和置换出物料的收集储存过程中，逸散的部分 VOCs
11	涉 VOCs 固体物料堆存过程排放	由于固体物料自身含有或吸附 VOCs 物质，在堆存过程中产生的 VOCs 排放
12	厂内道路及非道路移动源排放	厂内燃气或燃油的机动车及工程建设施工机械、小型通用机械、柴油发电机组产生的 VOCs 排放
13	洗车过程排放	在厂区内所有装载涉 VOCs 物料车辆，以及涉 VOCs 物质储存单元清洗过程产生的 VOCs 排放
14	非正常工况（含开停工及维修）排放	开停工及检维修过程中由于泄压和吹扫等工序而排放的废气
15	事故排放	由于泄漏、火灾、爆炸等事故情况导致的 VOCs 污染事故排放
16	火炬排放	火炬是热氧化处理、处置区域内生产设备所排放的各类具有一定热值气体的焚烧净化装置。通过焚烧，可去除火炬气中大部分的烃类，但其排放废气中仍包括未燃烧完全而剩余的 VOCs

VOCs 排放量排查主要按照资料收集、源项解析、统计核算、格式报表的原则进行，其工作流程见图 2-3。

本书给出的资料收集信息及格式报告主要作为辅助企业管理使用。主要收集包括企业的基本信息和各 VOCs 排放源项的相关设备信息、物料信息、管理信息、气候信息等信息。源项解析是要对各 VOCs 排放源项根据设备特点和管理情况进行细化分类，分别确定排查方法。统计核算是按照各类源项特点确定的排查方法核算 VOCs 排放情况。格式报表是最终要按照各源项分别列出排查结果的表格样式，以便于企业建立管理机制和台账。

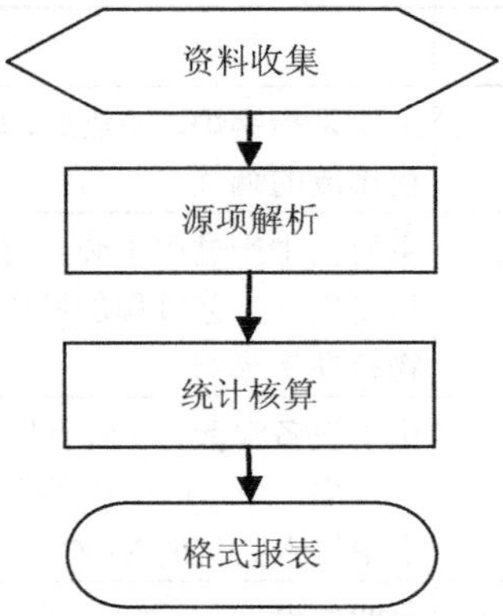

图2-3 VOCs排放量排查基本工作流程

2.5 挥发性有机物污染控制及排查方案的特点

2.5.1 开放型

VOCs定义是一种开放式的定义。将VOCs定义为参与大气光化学反应的有机化合物，或者根据规定的方法测量或核算确定的有机化合物。这样的定义可以根据不同阶段光化学污染的程度和对科学认识的提高，采取修订豁免清单的方式来调整管理要求。对于管理部门而言，豁免反应活性较低的有机化合物，可以集中精力加强对活性较高有机化合物的监管，同时可以激励相关企业使用豁免物质替代活性较高的VOCs物质，并最终体现对环境质量负责的思想。

此外，通过工业企业VOCs污染源排查，可以摸清企业目前的VOCs排放情况和VOCs控制技术的使用情况。环境管理部门可在此基础上，建立一套VOCs申报和管理平台，将企业VOCs排放情况和VOCs控制技术使用情况通过平台向社会公开。社会公众通过平台可查看居住地附近工业企业的排放量并与其他企业对比，发挥公众参与对企业污染控制工作的监督促进作用；企业通过平台可查看同类企业的污染物数据，增强企业实施污染治理的力度，并向公众证明企业自身的环境责任；政府管理人员可以通过平台管理企业，并通过平台积累的数据制定合乎实际情况的标准和出台相关管理文件。

2.5.2 全过程精细化

本书通过对VOCs污染源归类解析，将污染源分为16类源项，其中既包括有组织排放、无组织排放，也考虑了正常排放（包括稳定排放和间歇性排放）、非正常排放以及事故排放。进而根据各类污染源的特点，建立不同污染源的排查和管理方法。在提供VOCs

污染源排放量的核算方法时，针对各类 VOCs 排放源分别给出了实测法、物料衡算法、公式法、排放系数法等多种估算方法。本书建议企业在数据可得情况下尽量使用实测法，当监测数据不可得时，通过物料平衡、模型或公式进行计算；若以上数据确实无法得到，才可使用排放系数法。实测法是最准确的排放量核算方法，物料衡算法、公式法次之，排放系数法准确性最差，但排放系数法估算结果也最为保守，估算结果可能是最大的。如果企业没有能力提供准确详细的资料，可暂时按排放系数法估算 VOCs 排放量，但计算结果可能相对较大，这样也有利于调动企业推动技术进步和污染源排放量精细化核算的积极性。

VOCs 排放贯穿了企业生产的全过程，根据污染源归类解析可以看出，VOCs 的排放与物料特性、管理水平、污染控制技术等多因素有关，因此，有效控制 VOCs 排放也应从源头、过程、末端全方面考虑。本书在进行 VOCs 排放量核算时，考虑了物料、装置类型、加工/周转/处理量、生产工艺、气候条件、废气处理效率、企业管理情况等多方面因素，体现了污染源管理的全过程精细化理念。

3 设备与管线组件泄漏

3.1 概述

设备与管线组件泄漏是一种遍布在工业企业整个生产区域的小型排放源，是指各种设备组件和连接处工艺介质泄漏进入大气的过程。在工业生产中，从原料到产品，包括工艺过程中的半成品、中间体、各种助剂等，绝大多数属于 VOCs，很多物质有毒甚至有剧毒。控制设备密封点泄漏是控制 VOCs 排放的关键环节。

设备与管线组件泄漏是工业企业 VOCs 无组织排放源的重要组成部分，根据相关调研结果，我国石化企业设备与管线组件 VOCs 排放量占全厂排放量的 5%左右。“十二五”以来，国家和地方相继出台《石化行业挥发性有机物综合整治方案》《重点行业挥发性有机物综合治理方案》等文件及《挥发性有机物无组织排放控制标准》（GB 37822—2019）等一系列 VOCs 管控标准，对设备与管线组件 VOCs 管控提出开展泄漏检测与修复（LDAR）的要求。2021 年，生态环境部发布《工业企业挥发性有机物泄漏检测与修复技术指南》（HJ 1230—2021），详细规定了工业企业设备与管线组件密封点挥发性有机物泄漏检测与修复的项目建立、现场检测、泄漏修复、质量保证与控制以及报告等技术要求，为企业和第三方企业合规开展 LDAR 提供技术保障和依据。

密封可分为静密封和动密封两大类。根据密封结构的类型、密封机理、密封件形状和材料等，密封的分类情况见图 3-1 和图 3-2。

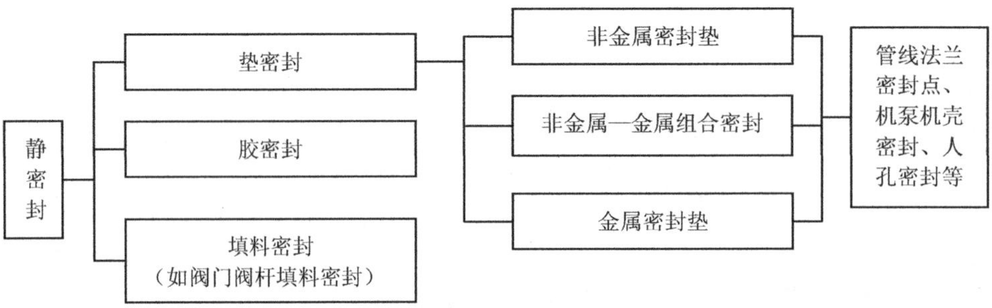

图 3-1 静密封分类

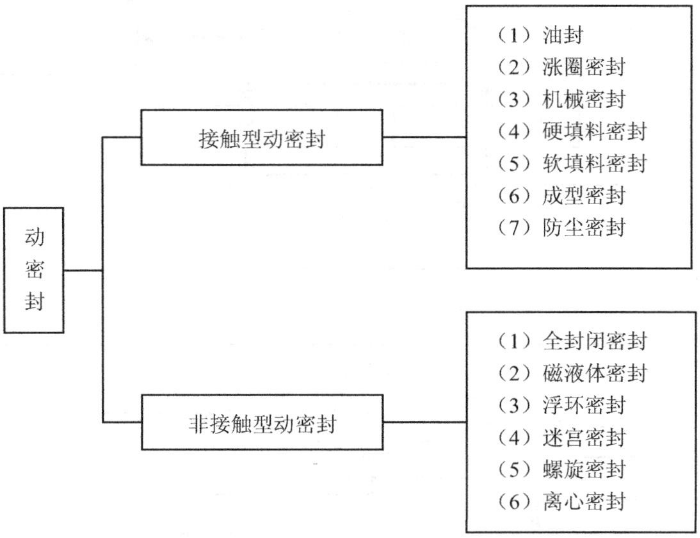

图 3-2　动密封分类

排查的设备密封点类型主要包括泵、压缩机、搅拌器、阀门、泄压设备、取样连接系统、开口阀或开口管线、法兰、连接件和其他等 10 大类。前 3 种特指设备动密封，不包括无动密封泵。目前，工业企业无动密封泵主要有以下几种：屏蔽泵、磁力驱动泵和隔膜泵，其共同特点是泵内介质与环境大气通过静密封隔开。从外观来看，这 3 种泵型都没有动密封（如机械密封、填料密封等），更没有密封冲洗管路。阀门包括但不限于闸阀、截止阀、球阀、蝶阀和调节阀等。单向阀虽然功能上可以起到阻断向某一个方向介质流动，与阀门类似，但没有填料与转动阀杆之间的密封，因此，本书中阀门不含单向阀。开口阀或开口管线包括排凝、放空阀和管线。法兰包括管线连接法兰、塔器人孔、机泵外壳连接、换热器封头等。连接件特指螺纹连接如仪表管线、空冷丝堵等。

3.2　排查工作流程

设备泄漏环节的排查流程主要包括资料收集、源项解析、统计核算、格式报表 4 个环节（见图 3-3）。

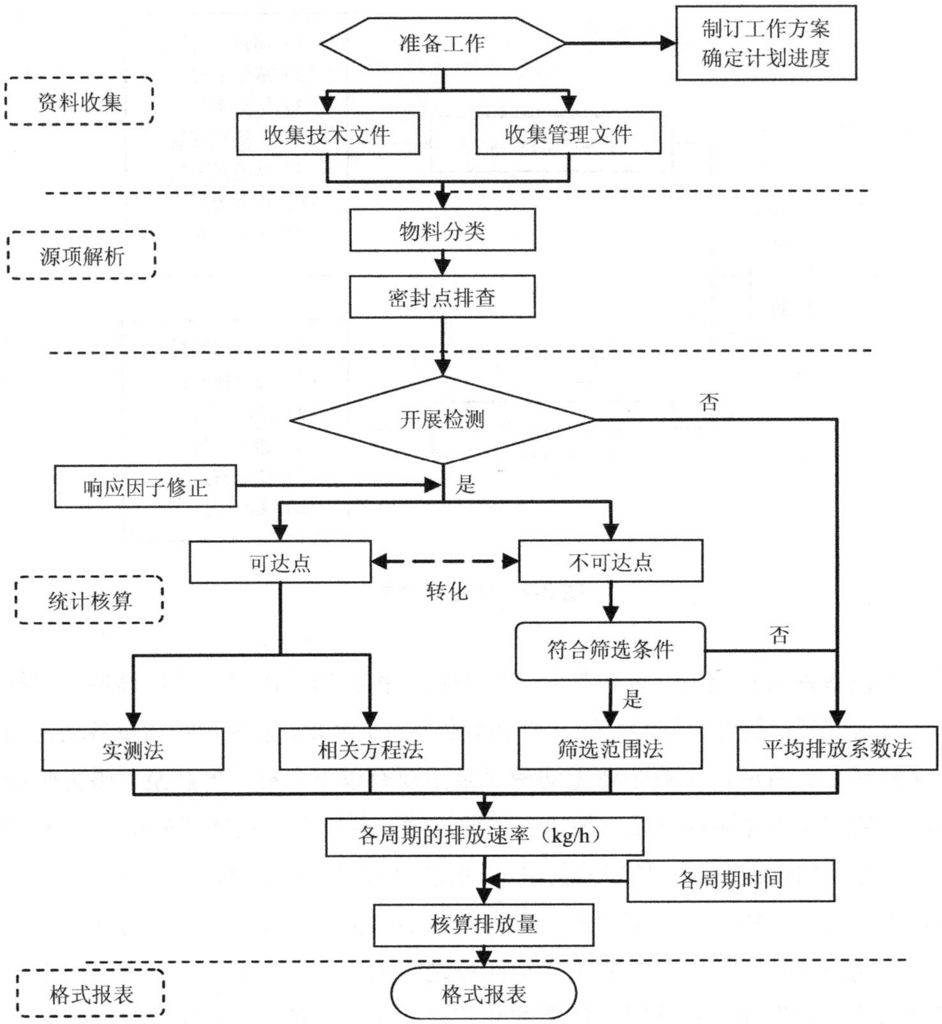

图 3-3　设备密封点排查工作流程

3.3　资料收集

需要收集的技术资料主要包括但不限于工艺流程图（PFD，见图 3-4）、管道仪表图（PID）、物料平衡表、操作规程、装置平面布置图、设备台账等内容。工艺变更资料不全的，应补充完整。

对于已开展 LDAR 的装置，收集工作介绍、管理文件和记录文件等相关信息。其中，工作介绍主要包括 LDAR 相关技术报告、工作总结、会议纪要等；相关管理文件主要包括执行标准、质量手册、程序文件和作业指导书等；记录文件主要包括密封点基础台账、检测仪器检定证书、校准记录、漂移检查记录、校准气体使用记录、修复作业记录、延迟修复记录、豁免登记等。

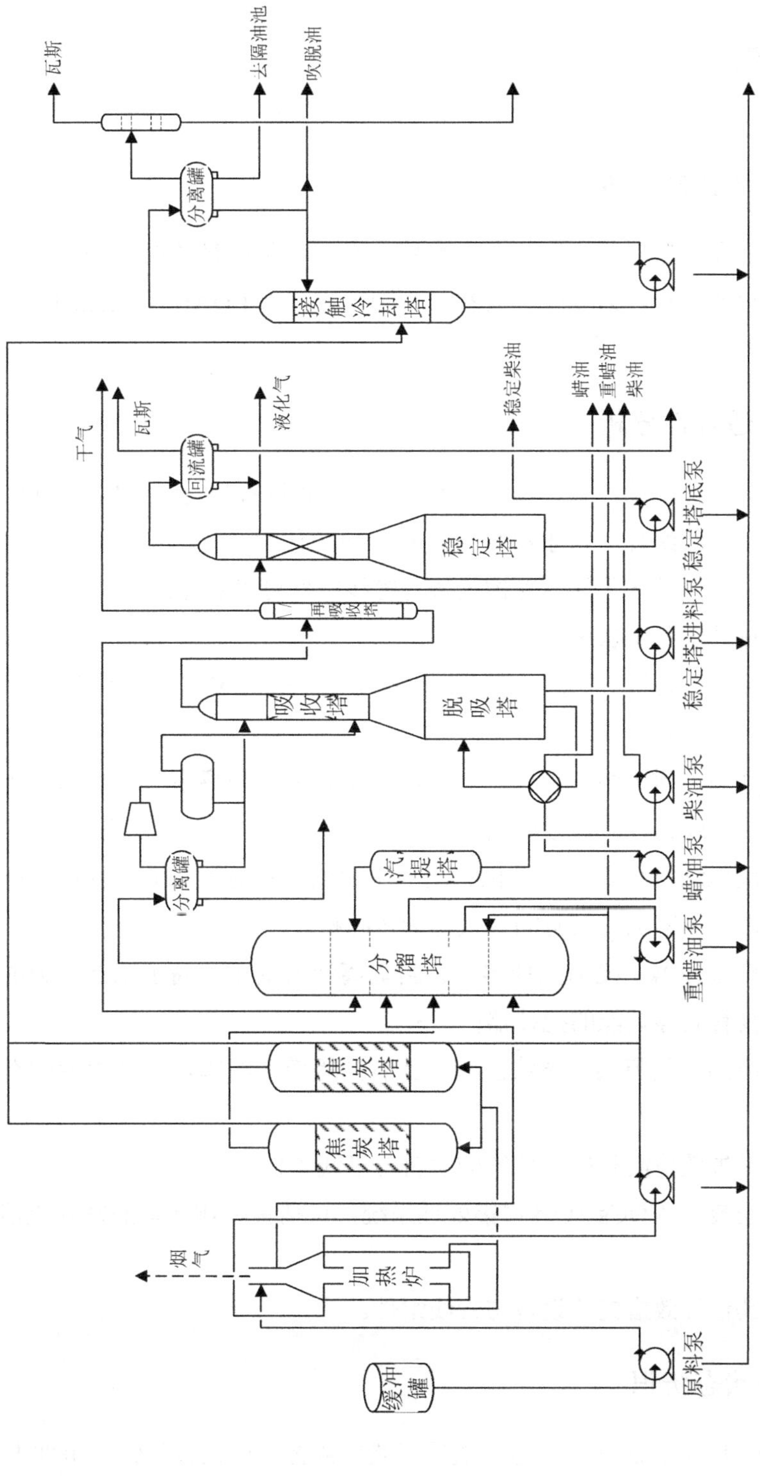

图 3-4 某公司延迟焦化装置PFD

3.4 源项解析

3.4.1 装置适合性分析

分析装置涉及的原料、中间产品、最终产品和各类助剂的组分和含量，任何时间不含涉 VOCs 物料的装置，为非受控装置。否则，应纳入 LDAR 实施范围，并建立企业受控装置清单。

3.4.2 设备适合性分析

分析各受控装置内设备与管线组件的物料，核算设备与管线组件内 VOCs 质量分数，辨识受控设备与管线组件。对于组分含量随时间变化的，宜取最近一个生产周期内质量分数的平均值。符合以下条件的受控设备与管线组件可以豁免：

①正常工作处于负压状态；

②仅在开停工、故障、应急响应或临时投用期间载有 VOCs 物料的设备与管线组件，且 1 年内接触时间不超过 15 日；

③采用屏蔽泵、磁力泵、隔膜泵、波纹管泵、密封隔离液所受压力高于工艺压力的双端面机械密封泵或具有同等效能的泵；

④采用屏蔽压缩机、磁力压缩机、隔膜压缩机、密封隔离液所受压力高于工艺压力的双端面机械密封压缩机或具有同等效能的压缩机；

⑤采用屏蔽搅拌器、磁力搅拌器、密封隔离液所受压力高于工艺压力的双端面机械密封搅拌器或具有同等效能的搅拌器；

⑥采用屏蔽阀、隔膜阀、波纹管阀或具有同等效能的阀，以及上游配有爆破片的泄压阀；

⑦配备密封失效检测和报警系统的设备与管线组件密封点；

⑧车间内安装了 VOCs 废气收集处理系统，可捕集、输送动静密封点泄漏的 VOCs 至处理设施；

⑨采取了其他等效措施的设备与管线组件。

3.4.3 物料状态辨识

基于 PFD、PID 辨识物料状态，根据工艺参数将受控设备与管线组件内的 VOCs 物料按气体、轻液、重液进行分类。VOCs 物料在工艺条件下呈液态，现有数据不足以进一步辨识其状态的宜按轻液计。

3.4.4 物料状态边界划分

不同状态的物料由阀门或其他设备隔离，边界阀门或其他密封点按以下原则划分：

①VOCs 物料与其他介质（如氢气、氮气、蒸汽、水等）交界，按 VOCs 物料计；

②气体与轻液或重液交界，按气体计；

③轻液与重液交界，按轻液计。

3.4.5 受控密封点分类

受控密封点可分为以下类别：

①泵（轴封），简写为 P；

②压缩机（轴封），简写为 Y；

③搅拌器（轴封），简写为 A；

④阀门，简写为 V；

⑤泄压设备（安全阀），简写为 R；

⑥取样连接系统，简写为 S；

⑦开口阀或开口管线，简写为 O；

⑧法兰，简写为 F；

⑨连接件，简写为 C；

⑩其他，简写为 Q。

3.4.6 不可达密封点辨识

3.4.6.1 物理因素

密封点不可达的物理因素包括但不限于：

①空间因素，密封点所在部位超出操作人员触及范围 2 m 以上；

②埋地、设备阻挡或空间过于狭窄等物理隔离，导致难以实施常规检测；

③保温、保冷材料缝隙较小，致使常规检测仪器采样头难以插入实施检测；

④其他致使常规检测在技术上难以实施的因素。

3.4.6.2 安全因素

密封点不可达的安全因素包括但不限于：

①密封点位于《化学品生产单位受限空间安全规范》（AQ 3028）定义的受限空间内；

②密封点 5 m 附近范围内或到达该密封点的路径上长期存在氧气浓度低于 19.5%或高于 23.5%（体积分数）的环境，可能导致 LDAR 实施人员暴露于缺氧或富氧环境；

③密封点 5 m 范围内或到达该密封点的路径上长期存在有毒有害介质，且按照《有

毒作业场所危害程度分级》(WS/T 765)，上述环境中，“时间加权平均浓度（TWA）”“短时间接触浓度（STEL）”“最高浓度（MC）”中任意一项超标；

④密封点 5 m 范围内或到达该密封点的路径上，爆炸性气体环境连续出现或频繁出现或长期存在；

⑤密封点 5 m 附近范围内或到达该密封点的路径上长期存在电离辐射，且超过《电离辐射防护与辐射源安全基本标准》(GB 18871—2002）规定的可豁免的源与豁免水平的环境；

⑥国家或地方政府主管部门明确规定的其他不可接受风险。

3.4.6.3 不可达密封点的控制

新建、改建、扩建装置不可达密封点数量不宜超过本生产装置密封点数量的 3%。

3.4.7 密封点计数

3.4.7.1 泵、压缩机和搅拌器

泵、压缩机和搅拌器的轴封按“泵”、“压缩机”和“搅拌器”计数，设备的机壳密封、冲洗管路等附件按照实际的密封方式计数（多数为“法兰”“连接件”两种密封方式)。

3.4.7.2 阀门

阀门阀杆填料密封和阀盖密封及阀体本身各部件之间的所有密封，计为一个“阀门”，上下游法兰单独计数“法兰”。

3.4.7.3 泄压设备

泄压设备分两种情况：

①泄放口接入装置管网（如瓦斯管网)，则不按“泄压设备”记录。但泄压设备上放空丝堵，以“连接件”计数。阀体各部件之间的连接，按“法兰”计数。

②泄放口敞开对大气，则按“泄压设备”计数，同时取消阀座到泄放口之间的阀体连接“法兰”计数。

3.4.7.4 取样连接系统

取样连接系统可分为密闭取样和开口取样两种。

①密闭取样。取样瓶长期与取样口连接，按“连接件”“法兰”实际数量计数。取样口除取样操作外不与取样瓶连接，按系统开口数量以“开口阀或开口管线”计数。

②开口取样。取样口没有丝堵系统，按“取样连接系统”和“开口阀或开口管线”分别计数。取样口带有丝堵的系统，按“取样连接系统”和“连接件”分别计数。

3.4.7.5 开口阀或开口管线

开口阀或开口管线包括机泵进出管线排凝、调节阀组排凝、取样连接系统、压力容器放空等，末端阀门下游法兰或连接件不计数。开口阀或开口管线末端安装有盲板或丝

堵，不再计“开口阀或开口管线”，末端阀门下游法兰或连接件以及封堵盲板或丝堵均按“法兰”或“连接件”计数。

3.4.7.6 法兰和连接件

管线法兰、过滤器、止回阀、换热器封头、塔器人孔、机泵壳体等按“法兰”计。所有螺纹连接，按“连接件”计数，如空冷器丝堵，压力表接头、仪表箱内连接件、加热炉燃料气连接软管接头等。活结接头本体按 1 个“连接件”计数，与管线螺纹相连的两部分按“连接件”分别计数。弯头螺纹管件按 2 个“连接件”计数。三通螺纹连接按 3 个“连接件”计数，依此类推。

3.4.7.7 其他

对于无法纳入以上 9 类密封点计数的设备连接按“其他”计数，如储罐泡沫发生器、检尺口等。

3.4.8 密封点检测台账建立

3.4.8.1 群组划分

按照空间位置和工艺流程可将受控设备划分为多个群组。如将分液罐划分为罐顶安全阀群组、压力表群组、放空及人孔群组、液位计群组等，除空冷器外，每一群组包含的受控密封点应控制不宜超过 30 个，且在同一操作平台可以实施检测。

3.4.8.2 群组编码

赋予每个群组唯一性编码，通常采取“装置代码”+“数字”的组合方式。

装置代码共 6 位字符，其中前五位宜用装置名称拼音简称或英文首字母大写组合或现有管理代码。不足 5 位时，前面用“X”占位。超过 5 位，可省略第 5 位后面字符。第 6 位为数字，表示同名称装置的序列号，如果某类只有一套，则该数字取“0”。

“数字”共 8 位，其中前两位代表装置的区域或单元，从 01 依次排序，企业可以根据装置管理现有划分方法自行定义区域或单元，自行定义应有相应的文件说明。第 3 位、第 4 位数字代表群组所在平台（地面用 01，依次排序），第 5 位至第 8 位数字代表上述位置群组的编码（每个区域的各层平台均从 0001 依次编码），编码顺序采取最短路径原则，避免重复同一路径。

群组编码在企业内部应具有唯一性，同一装置内群组的后 8 位数字应具唯一性。如 $2^{\#}$常减压蒸馏装置，其炉区定义为“01”，其 2 层平台的第 5 个群组可表示为 XXXZL2-01-02-0005。小装置（受控密封点不超过 1 000 个）可不分区域或平台表示为 XXXZL2-00-00-0005。

建议采用拍照的方式实现群组的唯一性、有序性以及准确定位。

3.4.8.3 群组现场信息采集

（1）现场群组信息采集

现场群组采集的信息包括但不限于以下内容：

①装置名称；

②区域或单元；

③平台；

④PID图号；

⑤群组位置描述，如P301南5 m；

⑥群组工艺描述，如E301入口管线；

⑦群组内各类密封点数量，如5V/8F/3C，表示群组内有5个阀门、8个法兰和3个连接件。

（2）密封点现场信息采集

密封点现场信息采集包括但不限于：

①密封点类型（泵、压缩机、搅拌器、阀门、泄压设备、取样连接系统、开口阀或开口管线、法兰、连接件和其他等）；

②公称直径（mm）；

③可达性（记录不可达的理由，可配合照片说明）；

④密封点工艺描述，如P301出口阀门；

⑤密封点位置描述；如V301液位计下连通阀门；

⑥物料状态。

（3）密封点标识与编码

密封点标识通过其唯一性编号实现，格式可为“群组编号-密封点扩展号”。其中扩展号由3位数字构成。一般编辑顺序：按照群组内从上游到下游，从入口到出口，先主管线后支线、副线；先主设备后附件的规律编排。

3.4.8.4 密封点检测台账编辑

密封点台账由基本信息和辅助信息构成，其中基本信息为必需项，辅助信息为可选项。基本信息涉及密封点唯一性标识（编号）、密封点类型、定位、物料名称、物料温度（仅适用于工艺条件下呈液态的VOCs物料）、物料状态、公称直径、是否保温和是否可达等内容；辅助信息主要涉及物料组分及含量、工艺条件等信息。

3.5 现场检测

设备现场检测是LDAR工作的关键步骤之一，是指导企业VOCs排放量核算的基础，是企业维修维护设备的重要依据。早在20世纪80年代初，美国便开展相关研究工作，起草《设备泄漏排放估算协议》（*Protocol for Equipment Leak Emission Estimates*）等文件用以规范石化等工业企业 LDAR 检测工作。欧洲国家也参照美国制定了相关规范要求。2014 年，环境保护部发布《泄漏和敞开液面排放的挥发性有机物检测技术导则》（HJ 733—2014），规定了设备泄漏的 VOCs 检测方法、仪器设备要求等内容，在 2021 年发布的《工业企业挥发性有机物泄漏检测与修复技术指南》（HJ 1230—2021）中细化常规检测、非常规检测、泄漏认定与标识、检测频次等要求，明确了现场检测仪器、响应因子修正、现场检测要求、仪器异常处理等内容。

3.5.1 常规检测

3.5.1.1 检测仪器

（1）检测仪器配置

开展 LDAR 应配备氢火焰离子化检测仪。如行业污染物排放标准另有规定，按行业污染物排放标准执行。

（2）仪器基本性能

用于 LDAR 泄漏检测的氢火焰离子化检测仪除应符合 HJ 733 中 3.1.1 至 3.1.5 外，还应满足但不限于以下技术要求：

①仪器（标准配置，不加延长采样管线）响应时间不超过 10 s；

②检测仪器或辅助工具应具有自动读取最大值功能；

③具有响应系数数据清单或曲线。

3.5.1.2 其他器材

（1）气体

需要准备的气体包括但不限于以下种类：

①校准气体，对于氢火焰离子化检测仪，需配备泄漏定义浓度（LDC）1～1.1 倍（以执行标准中较高 LDC 为准）和 10 000～11 000 μmol/mol 两种浓度的甲烷/空气有证标准气。相对扩展不确定度不大于 2%，包含因子 k=2，且在有效期内。对于行业污染物排放标准规定的其他类型检测仪器，按相关标准要求配备；

②燃料气（高纯氢气），供气压力不低于 10 MPa；

③零气，符合 HJ 733 的要求。

（2）辅助材料

检测用辅助材料根据企业实际情况选配：

①根据气体种类和浓度，配备充足的低吸附、密封好气袋；

②与仪器取样口适配的聚四氟乙烯管；

③防爆采样泵；

④流量计，测量范围 0～5.0 L/min；

⑤泄漏标识牌；

⑥可测风速和风向的气象仪，最高测量风速大于 10 m/s；

⑦防爆相机。

（3）个体防护器材

检测用个体防护用品包括但不限于：

①根据企业规章制度或现场作业风险分析报告，选配合适的呼吸防护器材；

②根据作业场所可能泄漏的有害物质，选配便携式气体检测报警器；

③防滑手套和鞋，防护目镜、耳塞；

④政府和企业要求进入装置需要佩戴的其他个体防护用品。

3.5.1.3 仪器准备

（1）开机预热

仪器预热期间应保持仪器点燃，管路、探杆连接完好。预热时间按说明书要求。说明书无明确要求的，仪器预热时间不少于 30 min。仪器预热后，将仪器设置为自动读取最大值，报警阈值宜设置在最低泄漏控制浓度的 1/4～1/2。

（2）气密与流量检查

按照说明书给出的方法，检查仪器采样管路的气密与流量。检查结果应符合说明书的要求。说明书无明确要求的，可以通过人为堵住仪器采样探头的方法检查气密性，仪器应熄火或显示故障；流量与说明书标称值之间的相对误差不应超过±50%，与首次启用仪器时的流量之间的相对误差不应超过±20%。

（3）仪器零点与示值检查

预热完成后，反复通入零气和校准气体 3 次（每次通气时间为仪器响应时间的 2 倍以上）。通入零气读数平均值不应超过±10 μmol/mol，否则应调零；依次通入两种浓度的气体标准物质，记录仪器示值。示值误差按式（3-1）计算，不应超过±10%。否则，应按照说明书给出的步骤实施零点和示值校准。

$$\Delta A=\frac{\overline{A_i}-A_{\mathrm{s}}}{A_{\mathrm{s}}}\times 100\% \tag{3-1}$$

式中：ΔA —— 仪器示值误差，%；

A_{s} —— 校准气体浓度，μmol/mol；

$\overline{A_i}$ —— 与校准气体浓度对应的平均仪器示值，μmol/mol。

3.5.1.4 现场检测要求

（1）检测环境条件

现场检测应在仪器使用说明书规定的能正常工作的环境条件下实施。如遇雨雪或大风天气（地面风速超过 10 m/s）应禁止作业。

（2）环境本底值检测

在检测过程中，每套装置或单元至少每天进行一次环境本底值测试。每次测试至少取 5 点，测试点宜位于地面如图 3-5 所示。其中 1 点位于装置地面中心附近，其余 4 点位于 4 条边的中心附近。测试点距受控密封点最近不小于 25 cm，将 5 个检测值取平均值作为当日装置环境本底值；对于不规则边界的装置，可以分割成多个矩形区域分别检测，再取各矩形的平均值作为当日装置环境本底值。

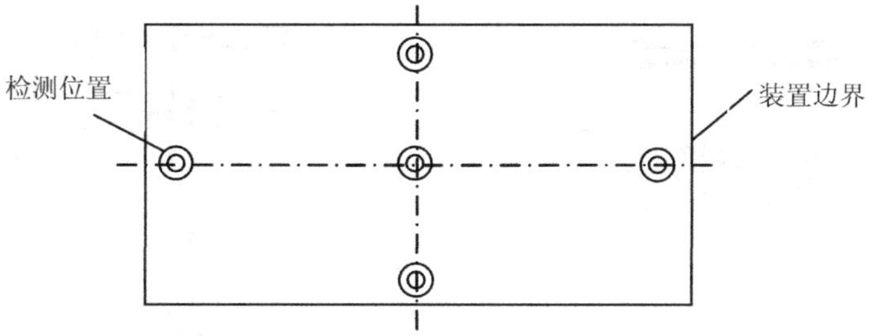

图 3-5　环境本底值检测位置示意

在检测过程中发现受控密封点或群组附近的仪器检测值与装置环境本底值有明显变化（仪器检测值达到或超过 3 倍装置环境本底值）的，应按照 HJ 733 中 4.2.3.1 测试该受控密封点或群组的环境本底值。

装置单元设置在封闭环境中的（如车间或厂房）按照 HJ 733 规定的方法，测试密封点或群组的环境本底值，在确保安全的条件下，方可实施检测。

（3）检测与读数

将仪器采样探头在密封点表面移动，采样探头与密封点边线保持垂直，采样探头移动速度应不超过 10 cm/s。如果发现指示值上升或仪器报警，放慢采样探头移动速度直至测得最大读数，并将采样探头保持在出现最大读数的位置，在该位置的检测时间不少于 2 倍仪器响应时间。

对于两个及两个以上位置需要检测的密封点，按最大净检测值记录。

（4）延迟修复泄漏点检测

延迟修复的泄漏点在 LDAR 周期检测过程中，仪器采样探头移动速度不宜超过 3 cm/s。

（5）检测位置

静密封（阀门、法兰、连接件、开口阀或开口管线、泄压设备）检测，在确保人员安全和仪器不吸入油污、液体的前提下，采样探头紧贴被测密封点密封边缘；动密封（泵、压缩机、搅拌器等）检测，采样探头距轴封不超过 1 cm。

①阀门。

闸阀如图 3-6 所示，通常应检测的部位：

a. 阀杆与填料压盖之间密封；

b. 填料压盖或压板与阀盖之间密封；

c. 阀盖与阀体之间的密封；

d. 其他可能泄漏涉 VOCs 物料的部位。

其他阀门检测位置如图 3-7 所示。

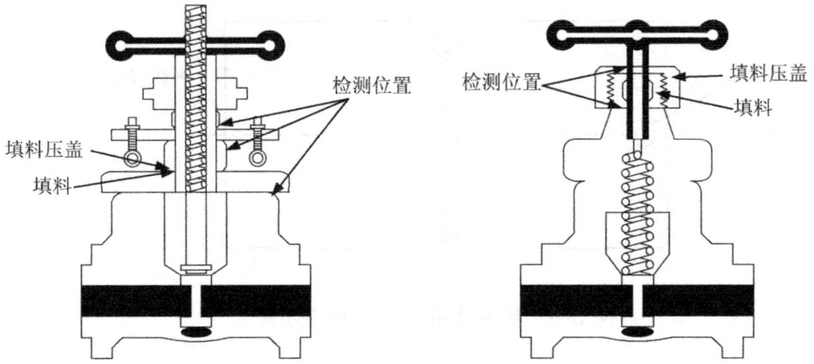

图 3-6　闸阀检测位置

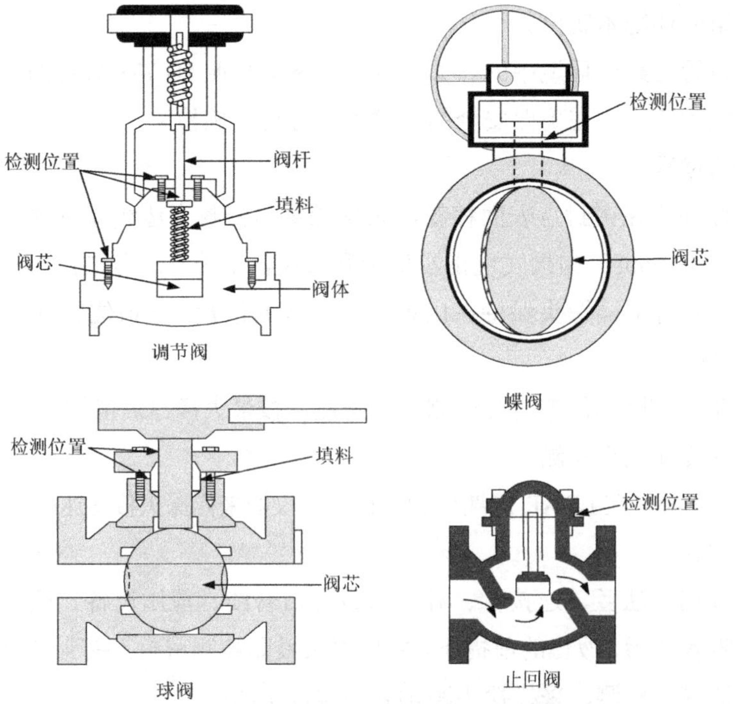

图 3-7　调节阀、球阀、蝶阀和止回阀检测位置

②泵、压缩机和搅拌器。

按照动密封的检测要求对泵、压缩机或搅拌器的轴封实施检测。其中泵的位置如图 3-8 所示。如果由于其构造、外壳或周围设备设施阻碍而无法完整地对轴封进行检测，则应对所有可以采样的轴封部位进行检测。另外，还应检测泵、压缩机或搅拌器其他受控密封点（如机壳密封等）。

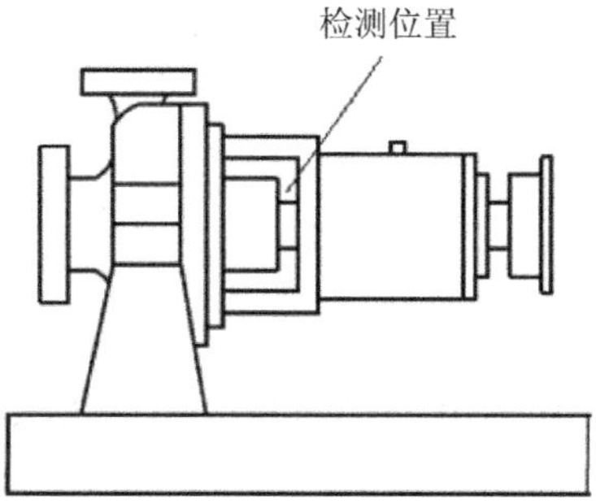

图 3-8　离心泵轴密封检测位置

③泄压设备。

直接泄放到大气的泄压设备（如安全阀），在泄放管开口的中央位置进行检测。泄放口高度超过检测人员触及范围 2 m 以上的泄压设备，可选择泄放管线的排凝口检测，为弹簧安全阀的检测点位。同时需要检测泄压设备上的其他受控密封点。

对于泄放口接入装置（如瓦斯管网），无法按图 3-9 中位置检测判断阀座泄漏的泄压设备（安全阀），可以免予检测上述位置，但需要检测泄压设备上的其他受控密封点。

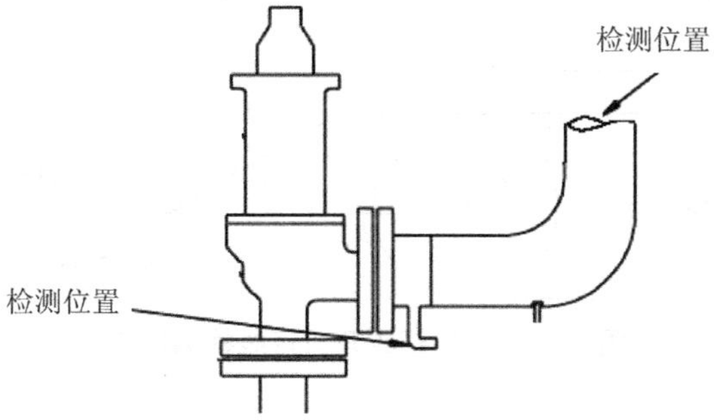

图 3-9　安全阀检测位置

④法兰和连接件。

法兰：采样探头应尽可能插入两法兰之间的缝隙进行检测（见图 3-10）。如果采样探头直径超过缝隙宽度，则应将采样探头紧贴两法兰之间的缝隙，并与密封边缘垂直。

连接件（螺纹接头）：取样探头与密封边线垂直，并与管线走向呈30°～60°，紧贴密封边线。对于活接头，应检测接头两侧。

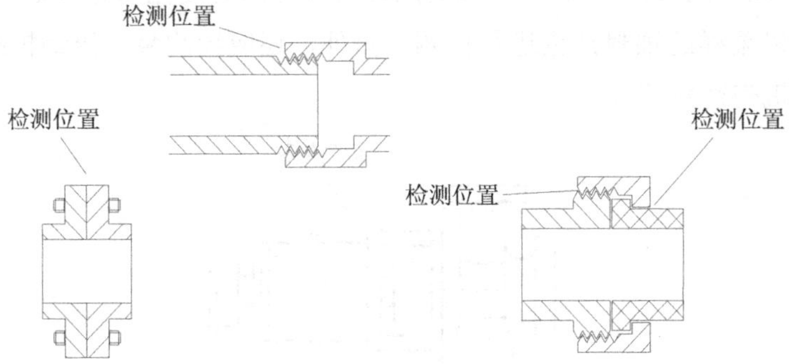

图3-10　法兰和连接件检测位置

⑤开口阀或开口管线。

检测开口阀或开口管线时，采样探头应与开口末端端面（以下简称端面）垂直，在端面检测。依据管线的公称直径分为3种情况（见图3-11）。

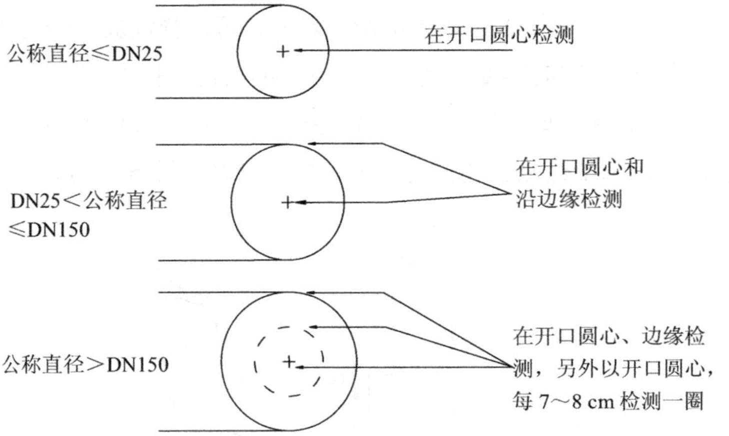

图3-11　开口阀或开口管线检测位置

a. 小于或等于DN25，检测端面中心；

b. 大于DN25，且小于或等于DN150，检测端面中心，并检测其边缘，取最大值；

c. 大于DN150，除检测中心和边缘外，从端面中心起径向每递增7～8 cm环形检测一圈，取最大值。

（6）保温或保冷密封点检测

检测有保温或保冷层隔离的密封点时，可对保温、保冷材料接缝或密封点暴露在保温、保冷材料之外的部位进行检测。发现疑似泄漏点［净检测值达到或超过《石油炼制工业污染物排放标准》（GB 31570—2015）、《挥发性有机物无组织排放控制标准》（GB 37822—2019）或相关标准规定的泄漏确认条件］，在确保安全的前提下，当轮检测中，宜通过拆卸疑似泄漏点的保温或保冷层，或其他方式，确认泄漏点。

（7）数据记录与处理

检测结果应按以下方式记录：

①按照本标准要求记录仪器检测值和环境本底值；

②检测值和环境本底值记录方式为仪器自动记录；

③正常检测期间，检测值未达到 10 000 μmol/mol 仪器熄火，在检测过程中氢火焰离子化检测仪异常熄火，应及时查找原因并处理。仪器故障导致的异常熄火，处理后，应通过采样泵采样，用零气稀释后，再用同一台仪器检测。按式（3-2）修正检测值。

$$\mathrm{SV}' = n \times \mathrm{SV} \tag{3-2}$$

式中：SV′ —— 修正后的泄漏检测值，μmol/mol；

SV —— 稀释后的泄漏检测值，μmol/mol；

n —— 稀释倍数，稀释后气体体积与样品气体积的比值。

3.5.1.5 常规检测使用条件

物料状态为气态或轻液体的受控密封点或群组，采用常规检测方式进行检测。

3.5.2 非常规检测或检查

3.5.2.1 基本要求

企业在日常巡检中可采用目视检查方法确认是否泄漏，在 LDAR 周期性检查中可采用光学检查、超声检查、皂液检查、其他仪器检测等非常规检测或检查方法对不可达密封点、易泄漏密封点进行检测，对疑似泄漏点应采用常规检测方法进一步确认是否为泄漏点。

3.5.2.2 目视检查

巡检/检测人员观察密封点，发现有液体滴落或渗出，则认定并记录该密封点为泄漏点。

3.5.2.3 光学检查

分析受控设备、密封点物料中的 VOCs 组分和含量，可以探测部分物质（见表 3-1），选择适合波段的光学仪器（如红外热成像仪、傅里叶红外成像光谱仪）。发现某一设备附近有云团，则该设备存在疑似泄漏点。

表 3-1　气体检测专用红外热像仪探测部分物质

中波		长波	
甲烷	甲基异丁基甲酮	乙酰氯	丁烯酮
乙烷	苯	乙烯	丙烯醛
丙烷	乙苯	醋酸	丙烯
丁烷	二甲苯	烯丙基溴	四氢呋喃
戊烷	甲苯	烯丙基氯	三氯乙烯
乙烯	1-戊烯	烯丙基氟	氟化铀酰
丙烯	异戊二烯	溴甲烷	氯乙烯
—	—	二氧化氯	丙烯氰
—	—	甲乙酮	乙烯醚

3.5.2.4　超声检查

按照仪器说明书，调节到适合的检测频率或根据其他条件确认的频率，将信号接收器对准密封点扫描，信号强度明显上升的方向，则存在疑似泄漏点。

3.5.2.5　皂液检查

向密封点喷洒皂液后，发现皂膜膨胀，该密封点即为疑似泄漏点。皂液检查只适用于以下情况：密封点为静密封点，且设备表面温度在皂液凝固点和沸点之间。

3.5.2.6　其他仪器检测

除常规检测采用的氢火焰离子化检测仪外，可以使用其他任何对 VOCs 有响应的仪器（包括催化燃烧式可燃气体检测仪、光离子化检测仪等）辅助辨识泄漏点。检测前，按环境背景值规定的方法，用该仪器检测环境本底值。如在检测过程中发现密封点检测值明显上升，则该密封点为疑似泄漏点。

3.5.2.7　非常规检查适用条件

非常规检查可作为常规检测的辅助检查方式。物料为重液体的受控密封点或群组可选取目视检查作为检测方式。

3.5.3　泄漏确认与泄漏标识

3.5.3.1　泄漏确认

密封点符合下列任一条件，即可确认发生泄漏：

①发布行业污染物排放标准的，按照行业污染物排放标准规定的泄漏认定条件，如石化行业按照 GB 31570、GB 31571 中 5.3.4 规定的泄漏确认条件。

②未发布行业污染物排放标准的，按以下条件进行泄漏认定：a. 气体执行 GB 37822 的“气态 VOCs 物料”泄漏认定条件；b. 轻液执行 GB 37822 的“挥发性有机液体”泄

漏认定条件；c. 重液执行 GB 37822 的“其他”泄漏认定条件；d. 密封点存在渗液、滴液等可见的泄漏现象。

3.5.3.2 泄漏标识

发现泄漏点应及时系挂泄漏标识牌或做出相应标识。对于结构复杂或尺寸较大的设备与管线组件，可采取在密封点上作标记、利用防爆相机拍照或其他方式记录泄漏具体部位。

3.5.4 检测频次

3.5.4.1 连续生产装置检测频次

①有行业污染物排放标准或排污许可技术规范的，按照其检测频次规定执行，如石化行业按照 GB 31570 和 GB 31571 的 5.3.3 规定频次。

②未发布行业污染物排放标准，且行业排污许可技术规范中未作检测频次规定的，执行 GB 37822 规定的检测频次。

③ 当环境气象条件超出仪器使用温度范围时，可向当地生态环境部门申请变更相邻两轮次检测时间间隔，全年检测频次不变，企业应按照申请答复意见开展检测。

3.5.4.2 间歇式生产装置检测频次

对于间歇式生产装置或设备，装置或设备含有涉 VOCs 物料期间参照“连续生产装置检测周期”要求进行检测。装置或设备停产期间不含涉 VOCs 物料，则可免予检测。

3.5.4.3 不可达密封点检测频次

宜采用非常规检测的方法对不可达密封点进行检测或检查，检测频次按照连续和间歇式生产装置检测。

3.5.5 其他要求

企业宜参照常规检测和非常规检测或检查的要求，定期对正常工况下的有机废气备用排空管线、应急排放口等，以及处于阀盘关闭状态时的储罐罐顶呼吸阀实施现场检测，发现问题及时查找原因，防止异常排放。

3.5.6 泄漏修复

3.5.6.1 泄漏修复时限

泄漏点应及时维修。首次维修不得迟于自发现泄漏之日起 5 日。首次维修未修复的泄漏点，应在自发现泄漏之日起 15 日内进行实质性维修以修复泄漏。除非符合延迟修复条件，修复不应迟于自发现泄漏之日起 15 日。企业应根据本标准要求制定内部维修管理方法和流程。

3.5.6.2 延迟修复条件

符合以下条件之一的泄漏点可延迟修复：

①需在装置停车（工）条件下才能修复；

②立即维修存在安全风险；

③ 其他特殊情况，如泄漏密封点立即维修引发的 VOCs 排放量大于泄漏点延迟修复造成的排放量。应尽可能回收泄漏点延迟修复过程中排放的涉 VOCs 物料。

3.5.6.3 多次严重泄漏密封点治理

严重泄漏密封点修复后 12 个月内再次发生严重泄漏，企业应剖析反复泄漏的原因，制订如更换或提升密封等级甚至整台设备、调整工艺条件或操作程序等整治方案。整治方案不晚于下次停车检修结束前完成实施。

3.5.7 复测要求

泄漏点首次尝试维修或实质性维修后，应在 5 日内完成复测。停工检修期间维修的延迟修复泄漏点，应在装置开工稳定后 15 日内复测。

泄漏点维修后，泄漏标识牌应记录已维修并保持在原位置，直到复测表明该泄漏点修复后方可取下。在装置或单元检修期间，应采取措施防止泄漏标识牌遗失，延迟修复的泄漏标识牌应一直保留至修复为止。

完成维修的泄漏点应按照要求进行复测。复测泄漏点过程中，检测仪器的采样探头移动速度不宜超过 3 cm/s。

3.6 推荐估算方法

为比较同类企业间设备密封点管理状况及开展 VOCs 排污收费等工作，企业需根据排放量核算方法对企业设备密封点的排放量进行核算，并将结果通过管理平台软件上报相应的管理部门。

3.6.1 排放速率计算方法

密封点排放速率计算方法主要包括实测法、相关方程法、筛选范围法和平均排放系数法。上述 4 种方法中，实测法最准确。国内曾有石化公司尝试采用实测法对部分密封点进行测试，实践表明（3～4 人一组，平均一天仅能完成 5～10 个点）该方法需要投入大量的人力、物力和时间，不适用于大量密封点泄漏排查。相关方程法是目前使用最为广泛的计算方法，该方法需要运用仪器定量检测每一受控密封点泄漏浓度，将净检测值代入相应关系方程得出排放速率。筛选范围法是一种早期基于密封点“漏”与“不漏”

的计算方法，美国早期设备泄漏控制标准以 10 000 μmol/mol 来判别密封点泄漏与否，因此该方法同样也需要每一密封点的净检测值。平均排放系数法是一种基于密封类别和接触物料状态的排放速率计算方法，该方法需要统计各种密封点类型（泵、阀、连接件等）的数量及相应的物料状态，还需要 TOC、VOCs 或其他有害物质的质量百分数，USEPA 基于 20 世纪 70—90 年代石油炼制（包括油气开采、油品销售和炼油）和化工企业的大量检测数据，按照保守的原则给出每类密封的平均排放系数，因此该方法计算的排放速率通常大于前 3 种方法。

3.6.1.1 实测法

对于已采用包袋法（见图 3-12）和大体积取样法进行实测的密封点，可根据实测情况确定该密封点的排放速率。

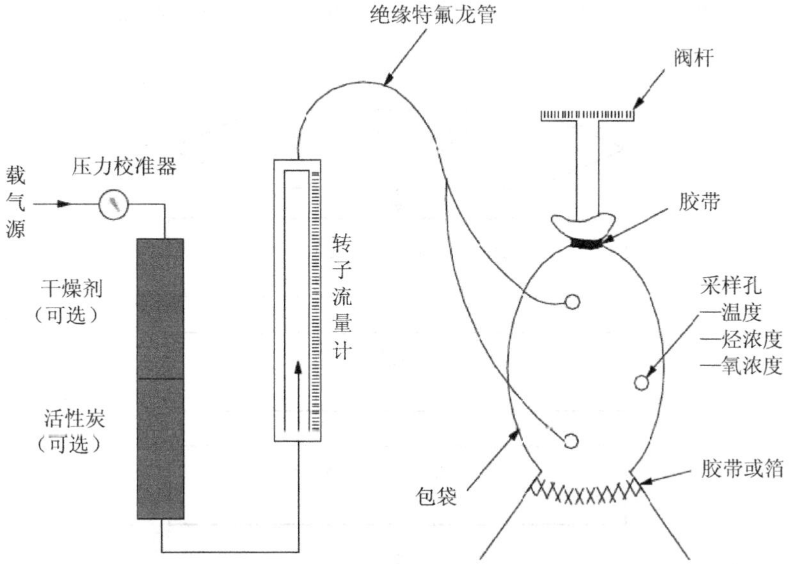

图 3-12 包袋法示意

包袋法是将排放密封点或排放口用袋子包起来，让已知流量的惰性载气通入包袋，待载气达到平衡后，从包袋中收集气体样品测量 TOC 浓度，也可以针对气样中的单个化合物浓度进行分析，然后用测得的样品浓度和载气流量计算排放速率。

包袋法可实现泄漏点（线）的全包裹或基本包裹，并实现泄漏点（线）的包裹体积和空间内表面积的最小化，漏风率小于 2%，VOCs 泄漏捕集率不低于 98%，能实现正压和（或）负压采样。包袋材料应在−40～260℃使用，性能稳定，不影响操作和安全使用，包袋材料应对 VOCs 不吸附或低吸附，包袋材料不会引起泄漏 VOCs 的闪爆或燃烧。

包袋建议：

①包袋材料和现场包袋应符合防火灾爆炸、防人身伤害的要求，采取相应安全措施，

配备必要防护用品。

②包袋主材薄膜材质应为 PTFE 或等效材料，包袋与样品直接接触的配件材质应为 PTFE。

③包袋应至少配置稀释气和样品进、出包袋的结构，该结构能与蠕动泵管连接。

④为降低包裹内表面及设备对 VOCs 的吸附，应尽量减少泄漏点包裹体积。为提高捕集率，应尽量减少正压送风和负压抽气泄漏。

⑤包袋和泄漏点应一一对应，避免测试误差。

⑥包袋可设有二维码，能够通过扫描记录投标单位、包袋材质和包袋的唯一编号等信息。

⑦包袋内处于真空状态或无空气。

⑧包袋内注入纯水，放置 1 h 后分析水中 TOC 含量，分析结果应小于 0.5 mg/L。

包袋法工作流程见图 3-13。

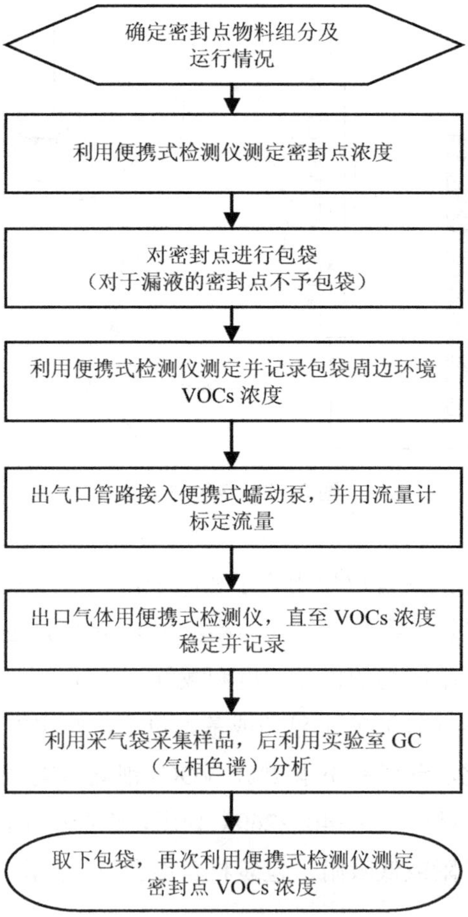

图 3-13 包袋法监测步骤

首先确定密封点物料组分及其运行情况，再利用便携式检测仪测定密封点浓度，然后对密封点进行包袋（对于漏液的密封点不予包袋），包袋留有进气口和出气口，利用便携式检测仪测定并记录包袋周边环境 VOCs 浓度。出气口管路接入便携式蠕动泵，并用流量计标定流量。出口气体用便携式检测仪，直至 VOCs 浓度稳定并记录，利用采气袋采集样品，后利用实验室 GC 分析，最后取下包袋，再次利用便携式检测仪测定密封点 VOCs 浓度。

大体积取样器采用真空设置，通过捕集密封点排放的所有物质来精确定量排放速率。它需要通过真空取样软管将密封点周围包括空气和排放物质的大体积样品吸入仪器，然后通过双烃类检测器，测量采集样品中烃类气体浓度和环境中烃类气体浓度，用测量样品的流量乘以测量样品气体浓度和环境气体浓度之差（即用环境中烃类浓度来校正测量样品中的烃类浓度）来计算排放速率。

3.6.1.2　相关方程法

相关方程法规定了默认零值排放速率、限定排放速率和相关方程。当密封点的净检测值小于 1 时，用默认零值排放速率作为该密封点排放速率；当净检测值大于 50 000×10^{-6}（体积分数），用限定排放速率作为该密封点排放速率。净检测值在两者之间，采用相关方程计算该密封点的排放速率（见表 3-2）。若企业未记录低于泄漏定义浓度限值的密封点的净检测值，可将泄漏定义浓度限值作为检测值代入计算。

$$e_{\mathrm{TOC}}=\begin{cases} e_0 & (0 \leqslant \mathrm{SV} < 1) \\ e_{\mathrm{p}} & (\mathrm{SV} \geqslant 50\,000) \\ e_{\mathrm{f}} & (1 \leqslant \mathrm{SV} < 50\,000) \end{cases} \tag{3-3}$$

式中：e_{TOC} —— 密封点的 TOC 排放速率，kg/h；

SV —— 修正后净检测值，μmol/mol；

e_0 —— 密封点 i 的默认零值排放速率，kg/h；

e_{p} —— 密封点 i 的限定排放速率，kg/h；

e_{f} —— 密封点 i 的相关方程核算排放速率，kg/h。

表 3-2　石油炼制和石油化工设备组件的设备排放速率 [a]

设备类型（所有物质类型）	默认零值排放速率/[kg/（h·排放源）]	限定排放速率/[kg/（h·排放源）] >50 000 μmol/mol	相关方程 [b]/[kg/（h·排放源）]
石油炼制的排放速率（炼油、营销终端和油气生产）			
阀	7.8×10^{-6}	0.14	2.29×10^{-6}×SV$^{0.746}$
泵	2.4×10^{-5}	0.16	5.03×10^{-5}×SV$^{0.610}$
其他	4.0×10^{-6}	0.11	1.36×10^{-5}×SV$^{0.589}$
连接件	7.5×10^{-6}	0.030	1.53×10^{-6}×SV$^{0.735}$

设备类型（所有物质类型）	默认零值排放速率/［kg/（h·排放源）］	限定排放速率/［kg/（h·排放源）］>50 000 μmol/mol	相关方程[b]/［kg/（h·排放源）］
法兰	3.1×10^{-7}	0.084	$4.61\times10^{-6}\times SV^{0.703}$
开口阀或开口管线	2.0×10^{-6}	0.079	$2.20\times10^{-6}\times SV^{0.704}$
石油化工的排放速率			
气体阀门	6.6×10^{-7}	0.11	$1.87\times10^{-6}\times SV^{0.873}$
轻液体阀门	4.9×10^{-7}	0.15	$6.41\times10^{-6}\times SV^{0.797}$
轻液体泵[c]	7.5×10^{-6}	0.62	$1.90\times10^{-5}\times SV^{0.824}$
连接件	6.1×10^{-7}	0.22	$3.05\times10^{-6}\times SV^{0.885}$

注：表中的 kg/（h·排放源）表示每个排放源每小时的 TOC 排放量（kg）。

[a] 摘自 USEPA，1995. Protocol for Equipment Leak Emission Estimates. EPA-453/R-95-017. Office of Air Quality Planning and Standards，Research Trianglo Park，NC。

[b] SV 是检测设备测得的测量值（μmol/mol）。

[c] 轻液体泵系数也可用于压缩机、泄压设备和重液体泵。

3.6.1.3 筛选范围法

筛选范围法规定了测量值≥10 000 μmol/mol 排放系数和＜10 000μmol/mol 排放系数。采用筛选范围法核算某套装置不可达法兰或连接件排放速率时，检测至少 50%该装置的法兰或连接件，并且至少包含 1 个净检测值≥10 000 μmol/mol 的点，以检测值 10 000 μmol/mol 为界，分析已检测法兰或连接件测量值可能≥10 000 μmol/mol 的数量比例，将该比例应用到同一装置的不可达法兰或连接件，且按比例计算的≥10 000 μmol/mol 的不可达点个数向上取整，利用式（3-4）和式（3-5）计算排放速率，具体见表 3-3。该方法仅适用于当轮检测。

由于在建立排放系数时，石油炼制的排放系数中不包括甲烷，而石油化工排放系数包括甲烷。因此：

石油炼制工业排放速率计算公式：

$$e_{\mathrm{TOC}} = F_{\mathrm{A},i} \times \frac{\mathrm{WF_{TOC}}}{\mathrm{WF_{TOC}} - \mathrm{WF}_{\text{甲烷}}} \times \mathrm{WF_{TOC}} \times N \tag{3-4}$$

石油化学工业排放速率计算公式：

$$e_{\mathrm{TOC}} = F_{\mathrm{A},i} \times \mathrm{WF_{TOC}} \times N \tag{3-5}$$

式中：e_{TOC} —— 密封点的 TOC 排放速率，kg/h；

$F_{\mathrm{A},i}$ —— 密封点 i 排放系数；

$\mathrm{WF_{TOC}}$ —— 流经密封点 i 的物料中 TOC 的平均质量分数；

$\mathrm{WF}_{\text{甲烷}}$ —— 流经密封点 i 的物料中甲烷的平均质量分数，最大值取 10%；

N —— 密封点的个数。

表 3-3　筛选范围排放系数 [a]

设备类型	介质	石油炼制系数 [b]		石油化工系数 [c]	
		≥10 000 μmol/mol 排放系数/［kg/（h·排放源）］	＜10 000 μmol/mol 排放系数/［kg/（h·排放源）］	≥10 000 μmol/mol 排放系数/［kg/（h·排放源）］	＜10 000 μmol/mol 排放系数/［kg/（h·排放源）］
连接件	所有	0.037 5	0.000 06	0.113	0.000 081

注：[a] 摘自 USEPA，1995. Protocol for Equipment Leak Emission Estimates. EPA-453/R-95-017. Office of Air Quality Planning and Standards，Research Trianglo Park，NC。

[b] 系数是针对非甲烷有机化合物排放。

[c] 系数是针对总有机化合物排放。

3.6.1.4　平均排放系数法

平均排放系数法规定了各类密封点的排放系数。对于未开展 LDAR 的企业，或不可达点（如果法兰和连接件检测符合“3.6.1.3　筛选范围法”，则可按筛选范围法计算），可根据密封点的类型，采用式（3-4）和式（3-5）计算排放速率，具体排放系数见表 3-4。

表 3-4　石油炼制和石油化工平均组件排放系数 [a]

设备类型	介质	石油炼制排放系数/［kg/（h·排放源）］[b]	石油化工排放系数/［kg/（h·排放源）］[c]
阀	气体	0.026 8	0.005 97
	轻液体	0.010 9	0.004 03
	重液体	0.000 23	0.000 23
泵 [d]	轻液体	0.114	0.019 9
	重液体	0.021	0.008 62
压缩机	气体	0.636	0.228
泄压设备	气体	0.16	0.104
法兰和连接件	所有	0.000 25	0.001 83
开口阀或开口管线	所有	0.002 3	0.001 7
取样连接系统	所有	0.015 0	0.015 0

注：表中的 kg/（h·排放源）表示每个排放源每小时的 TOC 排放量（kg）。

[a] 摘自 USEPA，1995. Protocol for Equipment Leak Emission Estimates. EPA-453/R-95-017. Office of Air Quality Planning and Standards，Research Trianglo Park，NC。

[b] 石油炼制排放系数用于非甲烷有机化合物排放速率。

[c] 石油化工排放系数用于 TOC（包括甲烷）排放速率。

[d] 轻液体泵密封的系数可用于估算搅拌器密封的排放速率。

计算 VOCs 的排放速率，需明确 VOCs 在物料流中的质量百分数（即要扣除其他化合物，如甲烷、氮气、水蒸气等），采用式（3-6）计算排放速率。若未提供 TOC 中 VOCs 的质量分数，则取 1 进行核算。

$$e_{\mathrm{VOCs}} = e_{\mathrm{TOC}} \times \frac{\mathrm{WF_{VOCs}}}{\mathrm{WF_{TOC}}} \tag{3-6}$$

式中：e_{VOCs}—— 物料流中 VOCs 排放速率，kg/h；

e_{TOC}—— 物料流中 TOC 排放速率，kg/h；

$\mathrm{WF_{VOCs}}$—— 物料流中 VOCs 的平均质量分数；

$\mathrm{WF_{TOC}}$—— 物料流中 TOC 的平均质量分数。

如需分别计算单个 VOC 物质的排放速率，可根据上述计算结果，乘以该物质占 VOCs 的质量分数。如未提供物料中 VOCs 的平均质量分数，则 $\frac{\mathrm{WF_{VOCs}}}{\mathrm{WF_{TOC}}}$ 按 1 计。

当需要核算某种 VOCs 物质排放时，可根据式（3-7）进行核算。

$$e_i = e_{\mathrm{VOCs}} \times \frac{\mathrm{WF}_i}{\mathrm{WF_{VOCs}}} \tag{3-7}$$

式中：e_i—— 某种 VOCs 物质 i 的排放速率，kg/h；

e_{VOCs}—— 物料流中 VOCs 排放速率，kg/h；

WF_i—— 物料流中含 i 的平均质量分数；

$\mathrm{WF_{VOCs}}$—— 物料流中 VOC 的平均质量分数。

3.6.2 密封点排放时间的确定

各个密封点的检测时间和检测周期不同，对于检测未发生泄漏的密封点，在计算各个密封点排放量时，可采用中点法确定该密封点的排放时间（见图 3-14）。

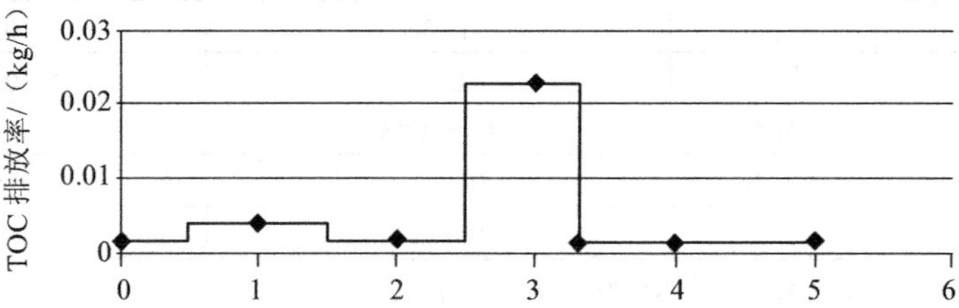

图 3-14 中点法示意

第 n 次检测值代表时间段的起始点为第（n−1）次至第 n 次检测时间段的中点，终止点为第 n 次至第（n+1）次检测时间段的中点。

发生泄漏修复的情况下，修复复测的时间点为泄漏时间段的终止点。

如果设备停用，密封点所属组件的管道中无工艺介质（即停工退料），相关密封点的设备停用期可不计入排放时间。如果工艺单元停止操作而介质仍存留在设备组件内（即停工不退料），则该段时间仍计入排放时间。

3.6.3 排放量核算

根据密封点排放速率和排放时间，相乘即可计算该密封点在该排放时间段的排放量。如需计算单个 VOC 物质的排放量，可根据该物质的排放速率和排放时间计算。

$$E_{设备}=\sum_{i=1}^{n}\left(e_{\mathrm{VOCs},i}\times t_i\right) \tag{3-8}$$

式中：$E_{设备}$ —— 密封点的 VOCs 年排放量，kg/a；

t_i —— 密封点的运行时间段，h/a；

$e_{\mathrm{VOCs},i}$ —— 密封点的 VOCs 排放速率，kg/h。

计算年度排放量，则计算 1 个自然年内，各排放时间段的排放量，相加即可。但由于检测时间通常与自然年不同，采用中点法计算 1 个检测周期的排放量，需要了解前半个周期的排放速率和后半个周期的排放速率，因此，对于 1 个检测周期为 6 个月的密封点而言，如果下半年的检测在 10 月 1 日以后，那么从检测时间到 12 月 31 日的排放速率可用本轮检测值计算；如果下半年的检测在 10 月 1 日之前，那么前半段检测周期的排放速率可用本轮检测值计算，后半段检测周期的排放速率则需要第二年上半年的检测数据计算，由此计算一个自然年年度内的泄漏量。

LDAR 实施前的年度泄漏量可按年操作时间计算年度泄漏量。

3.6.4 响应因子校正

3.6.4.1 响应因子获取

石油炼制工业生产装置可不考虑响应因子对检测值的影响。石油化学工业生产装置应根据物料平衡表（图）确定响应因子。

根据装置物料平衡表等资料，确定各受控设备的物料组分及含量。

①物料为单一组分，则可查阅检测仪器说明书或通过 HJ 733 中 3.2.1 规定的方法，测试获得响应因子；

②物料为多组分，采用方法①获得各组分的响应因子，最后按式（3-9）计算该物料的响应因子。

$$\mathrm{RF_m}=\frac{1}{\sum_{i=1}^{n}\frac{X_i}{\mathrm{RF}_i}} \tag{3-9}$$

式中：$\mathrm{RF_m}$ —— 物料合成响应因子；

RF_i —— 组分 i 的响应因子；

X_i —— 组分 i 占物料中 TOC 的摩尔百分数。

3.6.4.2 响应因子应用

仪器的响应因子通常与VOCs浓度相关，可通过查阅说明书或试验确定2～3个点浓度的响应因子（如500 μmol/mol、10 000 μmol/mol）。采用最大响应因子并按以下条件进行应用：

①各组分的响应因子在泄漏定义浓度到仪器最大测量值范围内均≤3，则不需要修正检测值；

②有一种或多种组分的响应系数＞3，则需要按照式（3-10）计算检测仪器对物料的合成响应因子。

a. RF_m＜3，不需要修正检测值；

b. 3≤RF_m＜10，需要修正检测值；

c. 如果RF_m≥10，则需要更换仪器或选择物料中RF_m＞10的气体或响应特性相近的气体作为校准气体，校准仪器，并测定新响应因子，直到物料响应因子RF_m＜10。

$$SV = SV_0 \times RF_m \tag{3-10}$$

式中：SV —— 修正后的响应值；

SV_0 —— 检测值。

3.7 报告格式

表3-5 企业设备泄漏VOCs污染源排查

排查项目	企业设备泄漏VOCs污染源排查
排查单位	××公司
检测实施单位	××公司
报告编制单位	××公司
排查时间	××××年××月××日
检测时间	××××年××月××日
LDAR基本情况（填写模板）[a]	本企业××××年加工量（产量）××$\times10^4$ t，共有××套生产装置，其中涉VOCs装置××套，开展LDAR工作××套生产装置，尚未开展的装置有×套，豁免装置×套。 ××企业受控密封点共计××个，不可达点××个，××套生产装置已完成×轮LDAR工作
设备泄漏VOCs排放估算结果及评估（填写模板）[b]	××××年度 第1轮检测密封点××个，泄漏密封点××个，修复××个； …… 采用××估算方法，本企业××××年度设备泄漏VOCs排放量为××t

设备泄漏 VOCs 损耗量削减潜力分析	达标性分析：　达标□　　不达标□，削减潜力：×× t/a 国内平均水平：已满足□　　未满足□，削减潜力：×× t/a 国内先进水平：已满足□　　未满足□，削减潜力：××t/a
备注	其他需要说明的排查结果

注：[a] 开展 LDAR 工作指装置至少已经完成密封点台账建立；完成一轮 LDAR 指装置已完成密封点台账建立和检测与修复，如果没有装置完成一轮 LDAR，则可保持模板原内容，即"××套生产装置已完成×轮 LDAR 工作"。

[b] 如果企业尚未开展检测，则可保持模板原内容，即"第 1 轮检测密封点××个，泄漏密封点××个，修复××个"。

3.8 质量保证与控制

3.8.1 LDAR 质量管理体系

企业应建立 LDAR 管理体系，对 LDAR 实施及检测数据进行系统化管理，并定期对实施情况进行内部审核，保证实施质量。

3.8.2 法规标准适应性

工业企业应根据生产装置建成投产或环境影响评价文件已通过审批的时间，综合分析比对 GB 31570、GB 31571、GB 37822、HJ 1230 等国家相关标准和地方相关标准。基于各项标准中最严格的条款，制定 LDAR 企业标准。

3.8.3 项目建立的质量保证与控制

3.8.3.1 资料审核

企业应组织审核物料平衡表、PFD、PID 等资料，并留有记录。审核记录应保存不少于 3 年。

3.8.3.2 人员要求

密封点台账建立宜以现场信息采集人员为主，现场信息采集人员应熟悉装置设备及工艺，能够准确识别物料状态，并掌握密封点分类与计数、不可达密封点辨识等工作要点。

3.8.3.3 密封点台账审核

企业宜建立密封点台账质量控制指标，适时组织工艺员、设备员及现场信息采集人员、检测人员对密封点台账进行审核。审核发现的问题应在下一轮检测前完成整改。审核至少应在以下时间进行：

①密封点检测台账建立后，首次检测前；

②装置检维修后的首次检测前；

③生产工艺或设备与管线组件变更后的首次检测前；

④其他可能导致检测台账变更的情况。

3.8.4 现场检测的质量保证与控制

3.8.4.1 检测前准备

每天开始检测前，应按照《工业企业挥发性有机物泄漏检测与修复技术指南》（HJ 1230—2021）要求，通过“开机预热”、“流量检查”和“零点与示值检查”等步骤准备仪器。符合本标准要求，方可使用。

3.8.4.2 检测过程

按照 HJ 1230—2021 要求，控制检测速度和检测距离。同一群组内相邻密封点读取净检测值的时间间隔不少于仪器响应时间与恢复时间之和。采用电子信息化方式记录检测值。

3.8.4.3 漂移核查

每天检测工作结束后，应检查仪器示值、流量漂移。

（1）示值漂移核查

通入检测前检查仪器示值所用的同一校准气体（LDC 附近），待仪器稳定后（稳定时间至少为 2 倍响应时间），记录仪器示值。按式（3-11）计算仪器示值漂移。

$$D_r = \frac{\overline{A_r} - A_s}{A_s} \times 100\% \tag{3-11}$$

式中：D_r —— 仪器示值漂移，%；

$\overline{A_r}$ —— 每天检测结束后，对校准气体平均示值，μmol/mol；

A_s —— 气体标准物质浓度，μmol/mol。

示值漂移绝对值$|D_r|$＞10%时，应重新校准仪器后，检测以下范围的密封点：

①D_r＜0（负向漂移），重新检测当日泄漏检测值在（LDC+D_r×LDC，LDC）范围的密封点；

②D_r＞0（正向漂移），重新检测当日泄漏检测值在（LDC，LDC+D_r×LDC）范围的密封点。

（2）流量漂移核查

仪器连接气体流量计，待仪器稳定后（稳定时间至少为 2 倍响应时间），记录仪器吸气流量，按式（3-12）计算仪器流量漂移。

$$F_r = \frac{\overline{F_r} - F_S}{F_S} \times 100\% \tag{3-12}$$

式中：F_r—— 仪器漂移，%；

$\overline{F_r}$ —— 每天检测结束后，对校准气体平均响应值，μmol/mol。

流量漂移 F_r 负漂超过"−10%"，则应清理仪器管路并重新检测当日检测的受控密封点。

3.9 管理要求与建议

3.9.1 记录要求

企业应制定 LDAR 记录管理制度，内容包括但不限于：归档、分类、保管、借阅和处置等。密封点及其他记录台账保存时间不少于 3 年，并根据装置的变更情况定期更新。

3.9.2 记录类别

LDAR 记录可分为项目建立记录、检测记录和维修记录等。

①项目建立记录包括但不限于：

a. 有 LDAR 范围标注的 PID；

b. 现场信息采集；

c. 密封点台账；

d. 其他建立台账需要的信息。

②检测记录包括但不限于：

a. 检测仪器台账；

b. 校准气体台账；

c. 仪器准备记录；

d. 常规检测记录；

e. 环境本底值检测记录；

f. 非常规检测或检查记录；

g. 零点与示值检查记录；

h. 漂移核查记录；

i. 校准报告。

③维修记录包括但不限于：

a. 维修任务单；

b. 维修记录；

c. 延迟修复清单。

④企业内部管理制度和内审记录，包括但不限于：

a. 内审人员；

b. 内审时间；

c. 资料审核记录。

⑤企业应对以上 LDAR 记录内容进行电子化管理且数据保存不少于 3 年。

3.9.3 检测值修正

为规范检测行为，消除系统和人为误差，采用包袋法抽样检测计算综合检测准确率，再对 FID 浓度检测值进行修正。

3.9.3.1 抽样原则

每套装置均需开展抽样工作。根据装置物料特点，合理分配气体和轻液体流经的密封点比例，优先选取高泄漏浓度的密封点，并涵盖泵、压缩机、搅拌器、阀门、泄压设备、取样连接系统、开口阀或开口管线、法兰和连接件 9 类密封点，抽样数量遵循以下要求：

①装置受控密封点数量低于 2 000 个，抽样数量不得低于 20 个；

②装置受控密封点数量大于 2 000 个且不大于 5 000 个，抽样比例不得低于 1.0%；

③装置受控密封点数量大于或等于 5 000 个，抽样比例不得低于 0.5%。

3.9.3.2 修正方法

综合检测准确率的计算方法见式（3-13），泄漏检测浓度修正方法见式（3-14）。

$$A_r = \frac{F_c \times C_c}{F_b \times C_b} \times 100\% \tag{3-13}$$

式中：A_r—— 本装置某类受控密封点的综合检测准确率，%；

F_c—— LDAR 泄漏检测仪器流量，L/min；

C_c—— LDAR 泄漏检测仪器示值浓度，μmol/mol；

F_b—— 包袋法通气/抽气流量，流量不低于仪器流量 F_c，L/min；

C_b—— 包袋法检测浓度，μmol/mol。

$$\text{SV}_r = \frac{\text{SV}}{A_r} \times 100\% \tag{3-14}$$

式中：SV—— 密封点净检测值，μmol/mol；

SV_r—— 密封点修正检测值，μmol/mol。

3.9.4 与标准政策符合性分析

3.9.4.1 与标准符合性分析

与现行标准符合性分析，可参考表 3-6。

表 3-6 设备与管线组件泄漏标准规范符合性分析

序号	标准要求	企业情况	是否符合
1	挥发性有机物流经以下设备与管线组件时，应进行泄漏检测与控制：泵、压缩机、阀门、开口阀或开口管线、法兰及其他连接件、泄压设备、取样连接系统、其他密封设备		
2	根据设备与管线组件的类型，采用不同的泄漏检测周期： a. 泵、压缩机、阀门、开口阀或开口管线、气体/蒸气泄压设备、取样连接系统每 3 个月检测一次； b. 法兰及其他连接件、其他密封设备每 6 个月检测一次； c. 对于挥发性有机物流经的初次开工开始运转的设备和管线组件，应在开工后 30 日内对其进行第一次检测； d. 挥发性有机液体流经的设备和管线组件每周应进行目视观察，检查其密封处是否出现滴液迹象		
3	出现以下情况，则认定发生了泄漏： a. 有机气体或挥发性有机液体流经的设备与管线组件，采用氢火焰离子化检测仪（以甲烷或丙烷为校正气体），泄漏检测值大于或等于 2 000 μmol/mol； b. 其他挥发性有机物流经的设备与管线组件，采用氢火焰离子化检测仪（以甲烷或丙烷为校正气体），泄漏检测值大于或等于 500 μmol/mol		
4	a. 当检测到泄漏时，在可行条件下应尽快维修，一般不晚于发现泄漏后 15 日； b. 首次（尝试）维修不应晚于检测到泄漏 5 日。首次尝试维修应当包括（但不限于）以下描述的相关措施：拧紧密封螺母或压盖、在设计压力及温度下密封冲洗； c. 若检测到泄漏后，在不关闭工艺单元的条件下，在 15 日内进行维修技术上不可行，则可延迟维修，但不应晚于最近一个停工期		
5	泄漏检测应记录检测时间、检测仪器读数；修复时应记录修复时间和确认已完成修复的时间，记录修复后检测仪器读数，记录应保存 1 年以上		

3.9.4.2 与政策符合性分析

与现行政策符合性分析，可参考表 3-7。

表 3-7 设备与管线组件泄漏政策符合性分析

序号	政策来源	政策要求	企业情况	是否符合
1	“十三五”挥发性有机物污染防治工作方案	全面开展泄漏检测与修复（LDAR），重点加强搅拌器、泵、压缩机等动密封点，以及低点导淋、取样口、高点放空、液位计、仪表连接件等静密封点的泄漏管理		
2	挥发性有机物（VOCs）污染防治技术政策	对泵、压缩机、阀门、法兰等易发生泄漏的设备与管线组件，制订泄漏检测与修复（LDAR）计划，定期检测、及时修复，防止或减少跑、冒、滴、漏现象		

序号	政策来源	政策要求	企业情况	是否符合
3	重点行业挥发性有机物综合治理方案/2020 年挥发性有机物治理攻坚方案	企业中载有气态、液态 VOCs 物料的设备与管线组件密封点大于或等于 2 000 个的，应全面梳理建立台账，6—9 月完成一轮泄漏检测与修复（LDAR）工作，及时修复泄漏源		
4	关于加快解决当前挥发性有机物治理突出问题的通知	要将 VOCs 收集管道、治理设施和储罐密封点纳入检测范围。按照相关技术规范要求，开展泄漏检测、修复、质量控制、记录管理等工作		
5		鼓励企业加严泄漏认定标准；对在用泵、备用泵、调节阀、搅拌器、开口管线等密封点增加检测频次；定期采用红外成像仪或使用加长杆对不可达密封点进行泄漏筛查		

3.9.5 工作建议

3.9.5.1 提升 LDAR 工作质量

除了大型石化企业成立内部 LDAR 检测团队，大部分工业企业通过委托第三方开展相关工作。但由于 LDAR 工作属于员工的额外工作，不能很好地调动起员工的积极性。从技术、管理上缺少外界的监督和审核；部分企业的 LDAR 交由维保单位、改制单位或第三方服务公司实施。在“低价中标”的大环境下，“劣币驱除良币”的现象时有发生。近几年，大气监督帮扶工作中发现部分企业存在 LDAR 弄虚作假、检测数值随机填报、单位时间检测点数与实际情况严重不符等情况。

根据前期调研，某企业自测泄漏率为 0.4%，调研期间委托的第三方检测公司现场抽检泄漏率为 1.75%（见表 3-8）。

表 3-8　现场抽检与企业提供单点泄漏率对比

检测单位	检测点数/个	排放速率/(kg/h)	泄漏点（检测值≥2 000×10^{-6}）	泄漏率/%
企业自测	9 235	0.464	37	0.4
第三方现场检测	969	0.248	17	1.75

美国的炼化企业自测泄漏率与现场检查泄漏率也存在偏差：根据 USEPA《泄漏检测与修复——最佳实践指南》（*Leak Detection and Repair—A Best Practices Guide*，EPA-305-D-07-001），企业公布的 0.4%泄漏率低于 NEIC 调研的 17 家企业的 5%泄漏率。

因此，企业在开展 LDAR 工作中，应严格按照标准规范要求实施，加严泄漏认定标准；对在用泵、备用泵、调节阀、搅拌器、开口管线等密封点加强巡检；定期采用红外成像仪等对不可达密封点进行泄漏筛查。

3.9.5.2 建立系统的 LDAR 管控体系

管理设备密封点泄漏排放是一项循序渐进的工作，建议企业从源头、过程、末端、管理全过程精细化管理的角度，减少设备密封点泄漏排放。鼓励重点区域石化、化工行业集中的城市和工业园区建立 LDAR 信息管理平台，进行统一监管。

可采取措施包括：将无作用的密封点，借助检修等机会，在确保安全的情况下，通过焊接、移除等方式取消该密封点；密闭采样，取缔开放采样系统，并保证密闭采样器的投运率；采用 FID 检测器尽可能多地检测设备密封点；加强对易泄漏设备的检测频率，提升设备密封等级；建立清晰、准确的密封点类型台账，并明确物料组成；在装置停工后，及时退料吹扫；尽快修复泄漏点并保证修复成功率等。

3.10 估算方法案例

案例一：某装置 VOCs 年排放量核算

某石油炼制装置物料流 A 和某石油化工装置物料流 B，其中设备数量见下表。

流号	装置类别	设备	介质类别	设备数量	操作时间/h	流组分	
						物质	质量分数/%
A	石油炼制	法兰	气体	300	8 760	戊烷	80
						甲烷	20
B	石油化工	泵	轻液体	15	4 380	水	10
						丙烯酸乙酯	10
						苯乙烯	80

解：方法一：采用平均排放系数法计算

按以下公式计算，结果见下表，VOCs 总排放量为 1 906.7 kg/a。

$$\text{石油炼制：VOCs排放量} = N \times F_A \times \frac{WF_{TOC}}{WF_{TOC} - WF_{甲烷}} \times WF_{TOC} \times \frac{WF_{VOC}}{WF_{TOC}} \times t$$

$$\text{石油化工：VOCs排放量} = N \times F_A \times WF_{TOC} \times \frac{WF_{VOC}}{WF_{TOC}} \times t$$

由于采用平均排放系数法计算石油炼制企业 VOCs 排放量时需要对排放因子进行修正，且要求甲烷的质量分数最大取 10%，因此，虽然案例中甲烷的质量分数为 20%，但 $WF_{甲烷}$=10%。

流号	设备数量 N	TOC 排放因子 F_A/[kg/（h·排放源）]	TOC 质量分数 WF_{TOC}/%	操作时间 t/h	VOCs 排放量/（kg/a）
A	300	0.000 25	100	8 760	730
B	15	0.019 9	90	4 380	1 176.7
排放总量					1 906.7

方法二：采用相关方程法计算

按相关方程法计算，结果见下表。

检测值/（μL/L）	物料流A密封点个数[a]	TOC 排放量/（kg/a）	物料流B密封点编号	检测值/（μL/L）	TOC 排放量/（kg/a）
0～10	167	34.1	B-1	0	0.0
11～25	23	8.9	B-2	5	0.3
31～50	10	6.3	B-3	9	0.5
51～100	3	3.1	B-4	13	0.7
121	1	1.2	B-5	28	1.3
354	1	2.5	B-6	44	1.9
570	1	3.5	B-7	56	2.3
923	1	4.9	B-8	79	3.0
2 143	1	8.9	B-9	121	4.3
5 446	1	17.1	B-10	156	5.3
18 945	1	41.0	B-11	1 050	25.7
不可达[b]	1	365	B-12	1 588	36.1
不可达[b]	89	52	B-13	10 000	164.5
			B-14	未检测[c]	87.2
			B-15	未检测[c]	87.2
物料流A排放量		548.5	物料流B排放量		420.4
总排放量			968.9 kg/a		

注：[a] 由于法兰个数较多，此处为减少数据量按如下方式表示，其中法兰的排放速率根据检测最大值进行计算；

[b]未检测的组件满足筛选范围法的使用条件，可采用筛选范围法计算；

[c]未检测的组件为泵，不满足筛选范围法的使用条件，采用平均排放系数法计算。由于物料流A涉及的密封点都为法兰，300个密封点中检测了167个，大于总数的50%，且有1个法兰的检测值≥$10\ 000\times10^{-6}$，因此，对于剩下的90个不可达点可以用筛选范围法计算排放速率。根据筛选范围法，检测值≥$10\ 000\times10^{-6}$的法兰的个数与全部被检测法兰个数的比例1/167，则不可达点按同比例分配≥$10\ 000\times10^{-6}$的密封点的个数为

$1/167\times90=90/167=1$（计算结果向上取整为1）

不可达点按同比例分配＜$10\ 000\times10^{-6}$的密封点的个数为89。

按式（3-4）计算不可达点的排放速率。

检测值未经修正的情况下，该企业的物料流A和物料流B的VOCs排放量为968.9 kg/a。

响应因子校正

对于石油炼制装置可不考虑相应因子，根据式（3-10）对物料流 B 相关方程计算数据进行响应因子校正，物料中涉及的 VOCs 物质的响应因子见下表。

VOCs 物质	摩尔质量	摩尔分数	响应因子/（500×10^{-6}）	响应因子/（$10\ 000\times10^{-6}$）
丙烯酸乙酯（质量分数 0.1）	100.1	0.103 6	2.49	0.72
苯乙烯	104.2	0.896 4	1.1	6.06

RF_m（500×10^{-6}时）=（0.103 6/2.49+0.896 3/1.10）$^{-1}$=1.17

RF_m（$10\ 000\times10^{-6}$时）=（0.103 6/0.72+0.896 4/6.06）$^{-1}$=3.43

真实浓度大于 $10\ 000\times10^{-6}$时响应因子大于 3，需要进行调整。

如全采用 RF_m=3.43 对物料流 B 进行调整，结果见下表，修正后该装置物料流 B 部分的年排放量为 853.7 kg/a。

设备号	检测值（未校正）	混合物响应因子/（$10\ 000\times10^{-6}$）	校正值[a]	VOCs 排放量/（kg/a）
B-1	0		默认零值	0.033
B-2	5	3.43	17.15	0.9
B-3	9	3.43	30.87	1.4
B-4	13	3.43	44.59	1.9
B-5	28	3.43	96.04	3.6
B-6	44	3.43	150.92	5.2
B-7	56	3.43	192.08	6.3
B-8	79	3.43	270.97	8.4
B-9	121	3.43	415.03	12.0
B-10	156	3.43	535.08	14.7
B-11	1 050	3.43	3 601.5	70.9
B-12	1 588	3.43	5 446.84	99.7
B-13	10 000	3.43	34 300	454.3
B-14	未检测[b]			87.2
B-15	未检测[b]			87.2
物料流 B 排放总量				853.7

注：[a] 校正值=检测值×调整后混合物的响应因子。
[b] 未检测的组件采用平均排放系数法计算。

检测值修正后，该企业的物料流 A 和物料流 B 的 VOCs 年排放量为 1 402.2 kg/a。

案例二：某装置控制阀检测值修正

某装置控制阀 C 通过包袋法检测相关数据见下表。

检测仪器流量（L/min）	检测仪器示值/（μmol/mol）	包袋抽气流量/（L/min）	包袋法检测值/（μmol/mol）	环境背景值/（μmol/mol）
0.75	1 850	0.85	1 720	5

解：按以下公式计算：

控制阀 C 综合检测准确率：$A_r = \dfrac{F_c \times C_c}{F_b \times C_b} \times 100\%$

控制阀 C 修正检测值：$\mathrm{SV}_r = \dfrac{\mathrm{SV}}{A_r} \times 100\%$

控制阀 C 检测修正结果见下表。

控制阀 C 综合检测准确率 A_r	控制阀 C 修正检测值 SV_r
95%	1 942 μmol/mol

4 采样过程排放

4.1 概述

在工业生产过程中，为保证生产出合格产品，需要对各工艺阶段的物料、中间产品以及成品进行取样分析，这是生产工艺和产品质量控制的重要手段。取样的目的是从物料中取得有代表性的样品，样品通过一个取样管线/井上的阀门开启并收集一定体积的液体或气体，将样品采入特定的取样容器中。通过对样品的检测，得到在允许误差内的数据。

4.2 取样过程分类

由于取样阀门使用频繁，工业企业生产装置的取样口一般都会设置在接近地面高度的位置以方便取样人员操作，因此，经常需要使用很长的取样管线。按照取样的方式可将取样过程分为开放式取样和密闭式取样。

4.2.1 开放式取样

开放式取样是指取样端为开口式的取样方式，主要有开口阀或开口管线和常压取样口两种形式。

4.2.1.1 开口阀或开口管线

开口阀或开口管线式的取样方式在工业企业较为常见，主要形式是一端开放式阀，取样管线为单线式（见图 4-1）。在开口阀或开口管线取样过程中为得到有代表性的物料产品数据，取样人员须在取样前把取样管线中的滞留物料置换干净。另外，产品取样分析过程中为确保样品不受取样容器的污染而影响样品分析的准确性，也需在最终取样前对取样容器进行多次置换。

4.2.1.2 常压取样口

常压取样口的取样对象主要是常温下为流动态的液体（见图 4-2）。

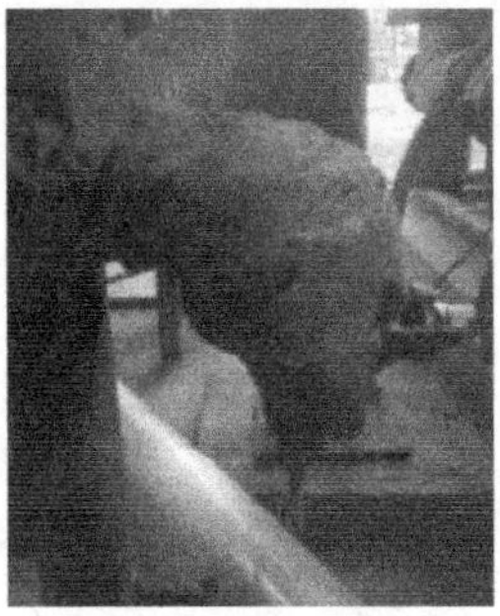

图 4-1 开口阀或开口管线

图 4-2 常压取样口

4.2.1.3 开放式取样容器类型

取样器具主要包括导管、取样容器、预处理装置、调节压力或流量的装置、吸气器或抽气泵等。

取样容器主要有玻璃容器、橡塑容器、金属容器 3 种材质（见图 4-3）。金属取样容器和玻璃取样容器主要用于采集各类石化液体产品。相比金属容器，玻璃容器容易破碎，搬运时须采用框架固定并特别注意安全。

橡胶球胆

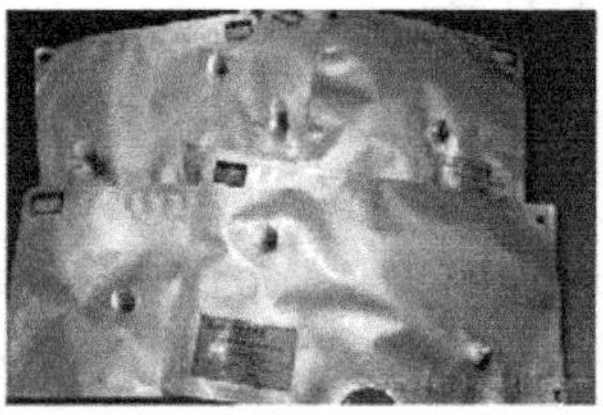

气体采样袋

塑料取样瓶

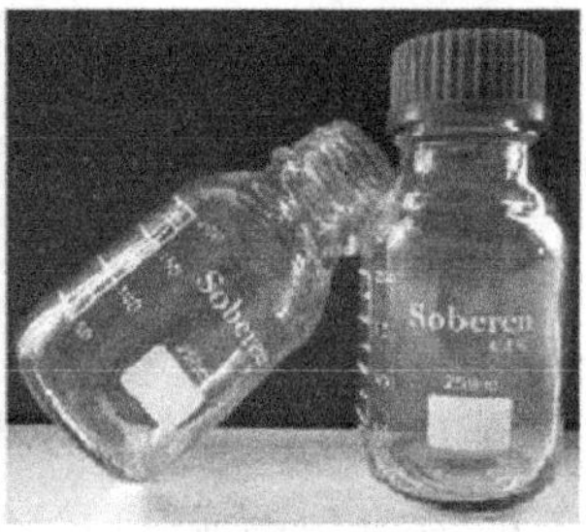

玻璃取样瓶

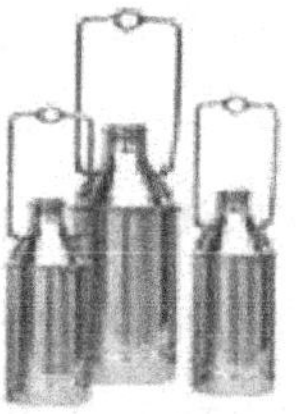

金属取样容器

图 4-3 常用的取样器

橡塑取样容器主要用于采集气体样品，为防止样品交叉污染，需要进行冲洗。常用的有橡胶球胆、聚四氟乙烯取样袋、聚丙烯取样袋等。

橡胶球胆价廉易得，使用方便，是工业企业常用的取样器具。用球胆取样时，必须先用样品气吹洗干净（至少吹洗3次），取样后样品不宜长时间存放，须立即分析且最好是固定某个球胆专取某种样品。塑料容器主要是由聚乙烯、聚丙烯、聚四氟乙烯或全氟乙丙烯制成。含氟塑料容器保存样品的时间比球胆长。

取样器具所有跟样品接触部分的材质应具有对样品不渗透、不吸收，在取样温度下无化学活性，不起催化作用，力学性能好，容易加工等性能特点，并且取样容器应便于使用、清洗、保养和检维修。

4.2.2 密闭式取样

密闭式取样是一种收集石油化工生产装置内液体或气体用于分析化验的、取样过程为封闭式的取样方式。

密闭取样器适用于石油、化工装置中对管道内的工艺状况下各种介质，尤其是有毒、易燃、易爆等危险性的中低压气、液介质的无泄漏取样。密闭取样器取得的样品真实度高，无残液、残气排放，能有效防止有毒、有害介质对操作者的伤害，同时不会污染环境，避免了易燃、易爆介质在取样时可能造成的危险事故。

4.2.2.1 密闭式取样容器类型

密闭式取样箱主要由箱体、取样容器、缓冲罐、快换手轮、压力表、阀门及法兰等部件组成。密闭取样容器多为金属材质，主要有不锈钢瓶、碳钢瓶和铝合金瓶等，也有玻璃材质的取样容器。密闭取样器已在国内石油化工工艺装置中得到了广泛应用。

玻璃取样容器取样时样品从工艺中取出，装入附有瓶盖和橡胶垫片的玻璃瓶里（见图4-4）。取样时将玻璃瓶伸进护罩内，瓶盖的垫片会被取样针刺破，使样品流入瓶内，瓶内的空气和气体会经由排气针排出。取样结束后将玻璃瓶从护罩内取出，瓶盖的橡胶垫片具有一定的自封作用，达到密闭取样的效果。玻璃取样容器主要采集常压下为液体的介质。

用金属取样容器取样时，取样容器连接在取样管线上，通过开启阀门使取样管线中的介质与工艺中的介质形成循环，关闭取样容器的阀门，使介质留在取样容器中，完成取样。

密闭取样容器是较为理想的取样工具。工业企业采用的密闭取样器多为 1 L 以下的两头带有针形阀的小钢瓶（见图 4-5）。这类钢瓶一般为不锈钢材质，内壁抛光，以减少吸附作用及增加耐腐蚀性能，其使用压力一般不超过 4 MPa。密闭取样器一般禁止用于采集 C_2 以下的烃类物质的液体样品，因为其临界温度低于室温，其临界压力可能超过钢瓶所能承受的压力。

图 4-4　密闭取样器（玻璃材质）

图 4-5　两端带针形阀取样器

密闭取样工艺及密闭取样箱见图 4-6 和图 4-7。

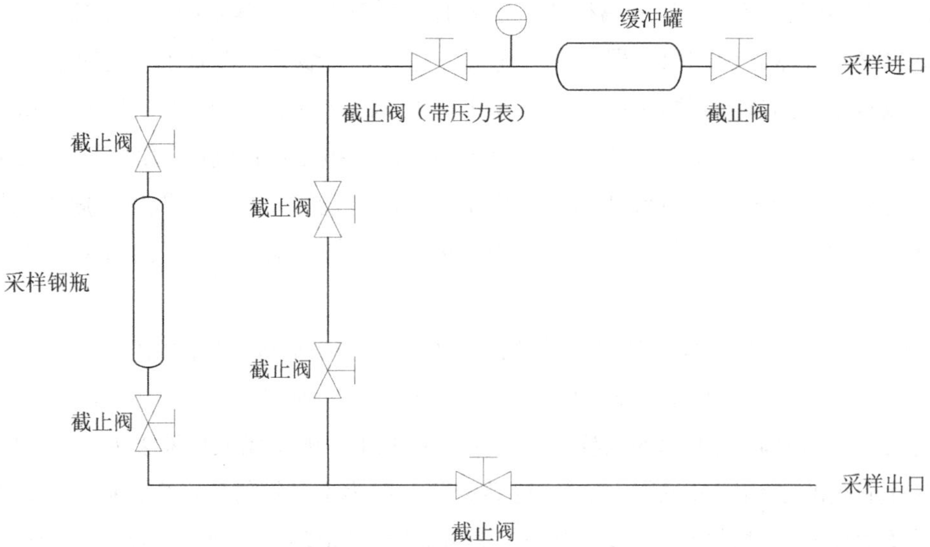

图 4-6　密闭取样工艺

图 4-7 密闭取样箱

4.2.2.2 密闭取样器使用要求

密闭取样器钢瓶必须做压强试验及气密性试验，压强试验应达到使用压力 1.5 倍以上，气密性试验必须严格检查，并标明检查日期。在条件许可情况下，应尽可能做到专瓶专用，以避免介质置换困难，交叉污染。同时，应该注意针形阀所使用的填料不能用普通的油石棉绳，因为这类填料能溶解大量烃类气体，干扰纯物质的杂质分析，可选用聚四氟乙烯、硅橡胶等抗溶性强的密封填料。另外，密闭取样器用来保留含有微量硫化氢或水样的气体样品时不能超过 48 h，特别是微量硫化氢，在放置时间过长后几乎无法测出。而微量水则因其钢瓶器壁的吸附及脱附作用，其含水量的分析结果随着钢瓶压力的减小而增大。

4.3 排查工作流程

污染源排查过程中需要了解和收集企业有关取样操作规程和安全管理规定，取样方案、物料处置程序等方面的内容（见图 4-8）。

一般来说，取样方案的基本内容：

①了解样品的分析方法；

②确定取样单元；

③确定取样的操作方法和取样工具，并检查取样容器是否受损、腐蚀或渗漏并核对

编号；

④确定样品数、样品量和取样部位；

⑤确定取样的时间和频次；

⑥熟悉取样的安全措施。

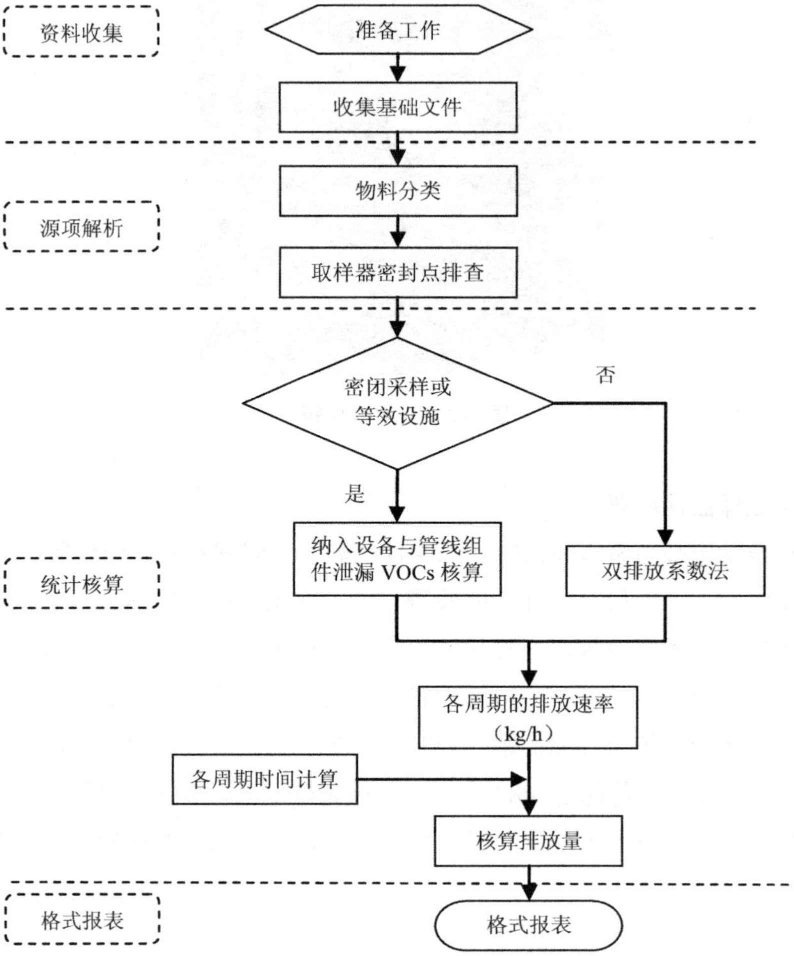

图 4-8 取样过程 VOCs 污染源排查工作流程

4.4 源项解析

根据样品管线的工艺参数，对物料流进行分类（如气体、轻液体、重液体）。

各采样器采集的主要信息有装置、区域、采样器编码、空间/工艺位置描述、采样器类型、密封点类型、介质状态等。基于 VOCs 排放精细化管理思路，企业可选择性填写

TOC 质量分数、甲烷（CH_4）质量分数、VOCs 质量分数、物料组分及含量等信息。

开口阀或开口管线在取样过程中最大的排放源是管线的冲洗和置换。有将容器置换后的液体直接倾倒在现场的情况，而气体产品取样时不得不直接排放至大气环境中。开口阀或开口管线取样不能将液体、气体物料回收，这样不仅污染了环境，还造成产品浪费，更重要的是产品若具有易燃易爆特性，倾倒在现场极易发生燃烧和爆炸，造成难以估量的损失。

常压取样口取样主要的污染源是打开取样口封盖导致的 VOCs 挥发，取样过程中的排放量与取样时间长短有关。

密闭取样过程基本无介质泄漏和向大气环境中排放 VOCs 的问题，只在拆取取样容器时产生少量 VOCs 逸散。

4.5 推荐估算方法

取样过程中的排放量核算主要参照设备密封点的核算方法。

取样过程中排放速率选择设备与管线组件泄漏相关的核算方法，排放因子和排放时间的确定与设备和管线组件泄漏一致。

①密闭式取样点。

取样瓶长期与取样口连接，按“连接件”“法兰”实际数量计数；取样口除取样操作以外不与取样瓶连接，按系统开口数量以“开口阀或开口管线”计数。

②开放式取样点。

如果取样过程中排出的置换残液或气体未经处理直接排入环境，取样口没有丝堵，按“取样连接系统”和“开口阀或开口管线”分别计数；取样口带有丝堵，则按“取样连接系统”和“连接件”计数。按照“取样连接系统”和“开口阀或开口管线”或“取样连接系统”和“连接件”排放系数分别计算并加和计算排放速率。

4.6 管理要求与建议

4.6.1 标准要求

对于含挥发性有机物、恶臭物质的物料，其采样口应采用密闭采样或等效设施。

4.6.2 管理要求

工业企业生产中涉及的各种介质的物理化学性质可能对人体产生毒害作用，也可能易燃易爆。当没有确切资料说明其无害时，所有新的待采介质都应该被认为是有危险的。有些化工产品的危险性不止一种，如苯有毒又易燃，其蒸气在空气中的体积浓度达到1.2%～7.8%时有爆炸的危险。

取样前要完全了解采集样品的危险性及预防措施，取样人员应接受使用安全装备（包括防毒面具、防护眼镜、防护服、灭火器等）以及取样操作的培训，熟知事故应急处置程序。取样过程应遵循《工业用化学产品采样安全通则》（GB/T 3723 —1999）的要求。

①应按照使用或后续处理期间可能承受的压力，采购符合使用要求的取样设备。投入使用前，至少应按 1.5 倍的工作压力进行试压。

②取样时应确保取样容器不超过其设计的使用温度、压力，为防止取样过程中超压，必要时可以安装减压阀作为防护。

③取样系统应有效接地，以便消除在排放挥发性有机气体的过程中可能产生的静电。

4.6.3 工作建议

工业企业应根据实际情况对开口阀或开口管线取样系统进行改造，加装或更换为闭式冲洗、闭式循环、闭式排气、在线取样系统或无须置换残液的密闭式取样系统。密闭式取样是目前工业企业最佳的取样方式。当开口阀或开口管线取样系统不能采用密闭式取样方式进行改造的，可采用以下做法减少 VOCs 的排放：

①收集并及时、有效处理冲洗管线的有机液体或气体。

②附近有火炬线时，可考虑接一辅助冲洗线进入火炬线。

③将取样点纳入 LDAR 的管控范围内，发现泄漏及时予以维修，减少取样点的无组织 VOCs 排放。

4.7 估算方法案例

某企业取样连接系统 VOCs 排放情况

某加氢裂化装置加工规模 500×10^4 t/a，装置运行时间 8 760 h，共有取样分析点 30 个，其中有开放式取样点 20 个（B-1～B-20），单头式密闭式取样点 10 个（A-1～A-10）。密闭式取样有 5 个（A-1～A-5）取样瓶与取样管线连接，另外 5 个（A6～A10）取样瓶未与取样管线连接。检测数据见下表，核算取样过程 VOCs 年排放量。

密闭式取样点检测值

编号	检测值/（μmol/mol）	编号	检测值/（μmol/mol）
A-1	10	A-6	50
A-2	5	A-7	18
A-3	12	A-8	8
A-4	7	A-9	12
A-5	4	A-10	10

开放式取样点检测值

编号	检测值/（μmol/mol）	编号	检测值/（μmol/mol）
B-1	10	B-11	10
B-2	5	B-12	8
B-3	12	B-13	15
B-4	7	B-14	37
B-5	4	B-15	20
B-6	50	B-16	18
B-7	18	B-17	7
B-8	8	B-18	25
B-9	12	B-19	5
B-10	10	B-20	9

解：（1）密闭式取样点

$$E_{密闭}=E_{连接件}+E_{开口管线}$$

$$E_{连接件}=\left[\sum_{i=1}^{5}1.53\times10^{-6}\times(\mathrm{SV}_i)^{0.735}\right]\times t_i=0.293\ \mathrm{kg/a}$$

$$E_{开口管线}=\left[\sum_{j=1}^{5}2.20\times10^{-6}\times(\mathrm{SV}_j)^{0.704}\right]\times t_j=0.742\ \mathrm{kg/a}$$

密闭式取样点的年排放量为 $E_{密闭}$=1.035 kg/a。

（2）开口阀或开口管线取样点

$$E_{开口}=E_{开口管线}+E_{采样连接系统}$$

$$E_{开口管线}=0.002\,3\times20\times8\,760=403\ \mathrm{kg/a}$$

$$E_{采样连接系统}=0.015\times20\times8\,760=2\,628\ \mathrm{kg/a}$$

开口阀或开口管线取样点的年排放量为 $E_{开口}$=3 031 kg/a。

5 敞开液面 VOCs 排放

5.1 概述

工业生产过程中产生的废水大都含有各种物料（包括原料、产品、副产物、催化剂等），废水中各种污染物随着温度变化、风吹逸散等均可能释放到大气中，有时不同类型的废水在收集系统中发生化学反应并释放出新污染物进入大气。废水收集和处理系统的 VOCs 排放量占比较高，其 VOCs 排放主要受废水性质、废水温度、气候条件、废水处理方式等因素影响。

废水在收集、储存和处理过程中，易产生大量的 VOCs 逸散，特别是医药、农药等行业，其生产过程中产生的母液一般具有高 COD、高氨氮、不易处理等特点，且母液废水有较强的挥发性有机物逸散现象，对空气造成污染。根据不完全统计，工业废水产生的 VOCs 逸散在整个企业的排放量中的占比达到了 30%以上。

对废水收集和处理系统的 VOCs 排放量进行估算的主要推荐方法包括实测法、物料衡算法、模型计算法、排放系数法等。企业可根据实际监测及参数收集情况，选取适当的方法进行核算。

5.2 排查工作流程

敞开液面 VOCs 排放排查工作流程包括资料收集、源项解析、统计核算、格式报表 4 部分，具体工作流程见图 5-1。

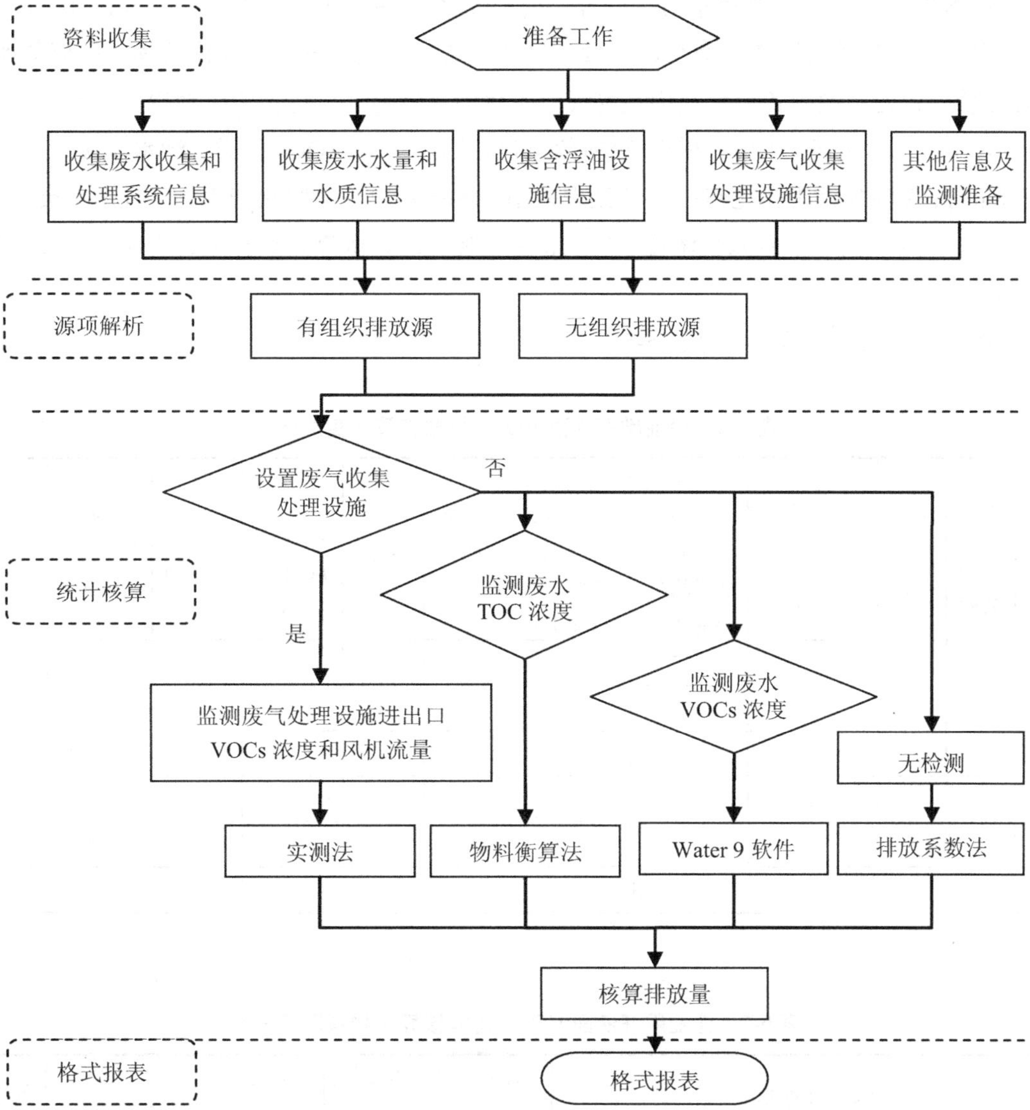

图 5-1 敞开液面 VOCs 排放核算工作流程

5.3 资料收集

敞开液面 VOCs 排放调查内容包括污水处理厂基本信息、污水处理厂中涉 VOCs 物料信息和 VOCs 治理设施等。

污水处理厂基本信息包括污水处理厂收集系统中各单元（如集水井、水封井、收集井、观察井等）及构筑物的类型、数量、尺寸，储存系统中各单元及构筑物（如调节池、隔油池等）、处理设施各单元及构筑物（如生化池、沉淀池、污泥浓缩池等）的类型、数量、尺寸；污水处理厂中涉 VOCs 物料信息包括污水中涉 VOCs 种类、污水流量、水温、曝气量等；VOCs 治理措施包括设计处理效率、装置入口废气收集速率、装置出口废气排放速率、VOCs 治理装置入口浓度、VOCs 治理装置出口浓度、氧含量、水含量、装置投运率。

相关填报表格见表 5-1 至表 5-5。

表 5-1　企业敞开液面 VOCs 排放核算（实测法）

序号	废气处理设施名称	废气收集范围	废气排放量（标态）/（m^3/h）	排气筒进口挥发性有机物浓度平均值/（mg/L）	排气筒出口挥发性有机物浓度平均值/（mg/L）	收集效率/%	处理效率/%	废气处理设施投用率/%	年运行时间/h	VOCs 排放量/（t/a）	备注
1											
2											
3											
…											
总计											

表 5-2　企业敞开液面 VOCs 排放核算（物料衡算法）

收集处理系统				流量/（m^3/h）	POC/（mg/L）	年运行时间/h	VOCs 排放量/（t/a）	备注
收集系统	集水区域 1	收集支线 1	收集井（始）					
		收集支线 2	收集井（始）					
		……						
		收集支线 *n*	收集井（始）					
		区域 1 集水井	集水井（出）					
	集水区域 2	收集支线 1	收集井（始）					
		收集支线 2	收集井（始）					
		……						
		收集支线 *n*	收集井（始）					
		区域 2 集水井	集水井（出）					
	……							

收集处理系统			流量/（m^3/h）	POC/（mg/L）	年运行时间/h	VOCs 排放量/（t/a）	备注
处理系统	均质池	进口					
		出口					
	隔油池	进口					
		出口					
	气浮池	进口					
		出口					
	澄清池	进口					
		出口					
	……						
总计							

注：可按照实际污水处理流程改变处理系统各构筑物名称。

表 5-3 企业敞开液面 VOCs 排放估算参数调查（模型计算法 — Water 9 软件）

处理系统构筑物	构筑物参数				废水处理系统总进水流量、水温及污染物浓度				
	构筑物长×宽×有效水深/m	构筑物池数/个	设备机械功率与转数	曝气量/（m^3/s）	流量/（m^3/h）	水温/℃	TDS/（mg/L）	TSS/（mg/L）	石油类/（mg/L）
均质池									
隔油池									
气浮池									
生化池									
澄清池									
……									

废水处理系统总进水 VOCs 种类及其浓度											
序号	1	2	3	4	5	6	7	8	9	10	11	…
物质名称												
浓度/（mg/L）												

Water 9 估算结果											
	收集系统				处理系统						总计
构筑物名称	集水区域 1	集水区域 2	……	集水区域 n	均质池	隔油池	气浮池	生化池	澄清池	……	
VOCs 排放量/（t/a）											

注：可按照实际污水处理流程改变处理系统各构筑物名称。其中，废水处理系统总进水的流量、水温、TDS、TSS、石油类、VOCs 种类和浓度、各构筑物的尺寸和个数、生化池的曝气量等为软件的必填项，废水收集系统及处理系统其他参数请参照 Water 9 软件具体要求。

表 5-4 企业敞开液面 VOCs 排放核算（排放系数法）

序号	废水收集单元名称	流量/（m^3/h）	排放系数/（kg/m^3）	收集系统密封措施	VOCs 治理设施名称	年运行时间/h	VOCs 排放量/（t/a）	备注
1								
2								
3								
…								
总计								

表 5-5 企业敞开液面 VOCs 排放核算（排放系数法）

序号	废水处理单元名称	流量/（m^3/h）	排放系数/（kg/m^3）	年运行时间/h	VOCs 排放量/（t/a）	备注
1						
2						
3						
…						
总计						

5.4 源项解析

废水收集和处理系统按照排放方式可分为无组织排放源和有组织排放源。收集系统中排水明渠、未密闭的检查井、隔油井、集水井等，处理设施中未密闭的各类废水储罐（如调节池或均质池）、隔油池、气浮池、生物池和澄清池等，均为无组织排放源；设施加盖后，废气收集处理经排气筒排放，为有组织排放源。

5.5 现场检查

5.5.1 检查范围

工业废水收集系统通常包括排水口、收集井、隔油井、水封井、检查井、排水管道、集水井及泵站等；处理系统通常包括调节罐或均质池、隔油池、气浮池、生化处理池和澄清池等。

5.5.2 排查方法

5.5.2.1 资料收集

敞开液面 VOCs 排放污染源排查收集的技术资料主要包括废水收集系统、废水处理设施、废水水量和水质、含涉 VOCs 物料设施、废气收集处理设施等相关信息。

（1）废水收集系统

根据企业排水平面图，统计废水收集系统检查井、水封井、隔油井等数量及相应 VOCs 受控情况（采取密闭措施的情况），统计各类排水管道长度和尺寸，包括明渠、暗渠和埋地管道等。

（2）废水处理设施

根据废水处理设施初步设计说明书、施工图或其他工程资料，统计废水处理设施各构筑物尺寸、有效水深等。

（3）废水水量和水质

统计各工艺装置排水水量和水质数据，包括水量、水温、石油类、SS、TDS、POC、VOCs 全组分等。VOCs 全组分或 POC 的监测频次不少于 1 次/月。

（4）含有机物设施

敞开液面 VOCs 排放中含浮油设施主要含涉 VOCs 物料的集水井、废水储罐等，应根据 5.3 节储存设施 VOCs 排放量估算方法，排查统计相关参数。

（5）废气收集处理设施

根据废水收集和处理设施的废气收集处理设施监测结果，统计废气气量和处理设施进出口 VOCs 浓度。

5.5.2.2 源项分析

（1）排放方式分类

敞开液面 VOCs 排放按照排放方式可分为无组织排放源和有组织排放源。收集系统中排水明渠、未密闭的检查井、隔油井、集水井等，处理设施中未密闭的各类废水储罐（调节池或均质池）、隔油池、气浮池、生物池和澄清池等，均为无组织排放源；设施加盖后，废气收集处理，经排气筒排放，为有组织排放源。

（2）现场监测

根据现场实际情况，如加盖并设废气处理设施的废水收集和处理系统，根据 HJ/T 397，测定废气处理设施出口废气流量和 VOCs 浓度；如未设置废气处理设施或废气处理设施排气未监测，测定废水收集或处理设施进水、出水中的 POC 浓度。

5.6 推荐估算方法

废水收集及处理系统 VOCs 定量核算方法主要包括实测法、物料衡算法、模型计算法和排放系数法等。核算全厂废水 VOCs 排放量需要通过上述方法配合使用。各方法适用范围见表 5-6。

表 5-6 废水处理过程 VOCs 污染控制检查

序号	估算方法	适用范围与需要的基础数据	方法来源
1	实测法	加盖并设废气处理设施； 废水中逸散性挥发性有机物（POC）浓度和废水量等、废气 VOCs 浓度和流量	通用方法
2	物料衡算法	未加盖、加盖但废气未收集处理、加盖处理但排气口未监测的设施； 废水中逸散性挥发性有机物（POC）浓度和废水量等	通用方法
3	模型计算法（Water 9 等）	未加盖、加盖、加盖并处理等均适用； 废水中 VOCs 各组分浓度和废水量等	Water 9 等
4	排放系数法	未加盖或加盖并设废气处理设施； 废水量和废气处理设施处理效率等	《第二次全国污染源普查产排污系数手册》、源强核算技术指南、《美国炼油厂排放估算协议》（2011 年）和 AP-42 等

5.6.1 实测法

对于设有废气回收处理装置的废水处理系统，排放量优先采用实测法获得，其中生化处理单元可参照模型计算法和排放系数法。需要的基础数据包括处理废水量、水中 VOCs 浓度和废气回收处理装置的气体流量、进出口 VOCs 浓度、收集效率、去除效率、设施投用率等。

$$E_{废水}=\left[\sum_{j=1}^{n}Q_{w,j}\times\left(VOCs_{j,进水}-VOCs_{j,出水}\right)\times t_{j,总}-\sum_{j=1}^{m}Q_{w,j}\times\left(VOCs_{j,进水}-VOCs_{j,出水}\right)\times\eta_{收集效率}\times\eta_{去除效率}\times t_{j,投用}\right]\times10^{-6} \tag{5-1}$$

其中：

$$\eta_{收集效率}=\frac{Q_g\times \mathrm{VOCs}_{进气}\times 10^{-3}}{\sum_{j=1}^{m} Q_{\mathrm{w},j}\times\left(\mathrm{VOCs}_{j,进水}-\mathrm{VOCs}_{j,出水}\right)}\times 100\% \tag{5-2}$$

$$\eta_{去除效率}=\frac{Q_{\mathrm{g}}\times\left(\mathrm{VOCs}_{进气}-\mathrm{VOCs}_{出气}\right)}{Q_{\mathrm{g}}\times \mathrm{VOCs}_{进气}}\times 100\% \tag{5-3}$$

式中：$E_{废水}$ —— 挥发性有机物逸散量，t/a；

$Q_{\mathrm{w},j}$ —— 废水收集、处理系统 j 工段的废水流量，m^3/h；

$\mathrm{VOCs}_{j,进水}$ —— 废水收集、处理系统 j 工段进水中的挥发性有机物浓度，mg/L；

$\mathrm{VOCs}_{j,出水}$ —— 废水收集、处理系统 j 工段出水中的挥发性有机物浓度，mg/L；

$t_{j,总}$ —— 废水收集、处理系统 j 工段年运行小时数，h/a；

$t_{j,投用}$ —— j 工段被废气处理设施收集处理的小时数，h/a；

n —— 废水收集、处理系统工段个数；

m —— 加盖并设废气处理设施的收集和处理系统工段个数；

Q_{g} —— 废气处理设施进口废气处理流量，m^3/h；

$\mathrm{VOCs}_{进气}$ —— 废气处理设施进口挥发性有机物浓度，mg/m^3；

$\mathrm{VOCs}_{出气}$ —— 废气处理设施出口挥发性有机物浓度，mg/m^3；

$\eta_{收集效率}$ —— 加盖收集进入废气处理设施挥发性有机物的收集效率，%；

$\eta_{去除效率}$ —— 废气处理设施挥发性有机物的去除效率，%。

5.6.2　物料衡算法

根据实际收集或监测数据进行核算，核算原理基于物料平衡，适用于未加盖、加盖但废气未收集处理以及加盖处理但废气处理设施排气未监测的废水收集和处理设施，不适用于生化处理单元，生化处理单元可参照模型计算法和排放系数法（见图 5-2）。需要的基础数据包括处理废水量、POC 浓度等。

$$E_{废水}=E_{油相}+E_{水相} \tag{5-4}$$

式中：$E_{油相}$ —— 收集系统集水井、处理系统浮选池和隔油池中油层 VOCs 排放量；可类比固定顶罐的核算方法，其中浮油真实蒸气压需进行实测，如无实测，采用汽油指标进行核算；周转量按周转期内油层重量计算；

$E_{水相}$ —— 废水收集支线和废水处理厂水相中 VOCs 排放量［见式（5-5）］。

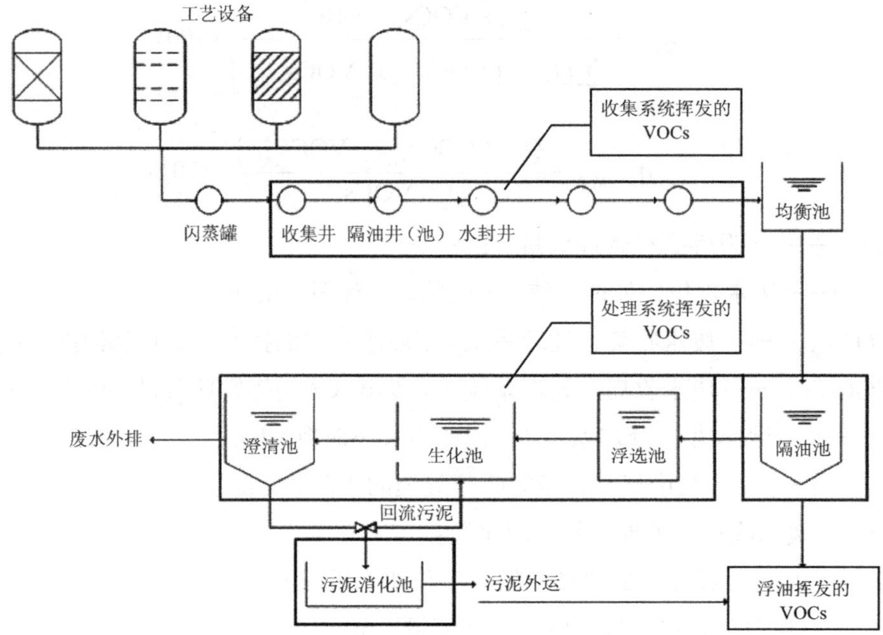

图 5-2　废水处理及收集系统 VOCs 排放示意

$$E_{水相}=\sum_{i=1}^{n}\left[10^{-9}\times Q_i\times\left(\text{POC}_{进水,i}-\text{POC}_{出水,i}\right)\times H\right] \tag{5-5}$$

式中：Q_i——废水收集或处理设施的废水流量，m^3/h；

$\text{POC}_{进水,i}$——废水收集或处理设施 i 进水中的逸散性挥发性有机物浓度，mg/m^3；参照《水质　总有机碳的测定　燃烧氧化-非分散红外吸收法》（HJ 501—2009）中可吹脱有机碳（POC）的测试和计算方法，其中 POC 为总有机碳（TOC）与不可吹脱有机碳（NPOC）的差值；

$\text{POC}_{出水,i}$——废水收集或处理设施 i 出水中的逸散性挥发性有机物浓度，mg/m^3；

H——废气处理设施的年运行时间，h；

i——污水处理设施数。

废水中 VOCs 物质复杂多样，如单独测定废水中每种 VOCs 物质的量，进而获得 VOCs 总量，则监测工作量过大。因此，本书废水 VOCs 估算工作中主要计算 VOCs 排放总量。

废水中的 VOCs 分为逸散性挥发性有机物 POC 和非逸散性挥发性有机物 NPOC。逸散性挥发性有机物是样品在室温下，用气流吹扫可将其除去的 VOCs 部分。

逸散性挥发性有机物通过总有机碳仪及相关吹扫组件进行监测，以碳计，其方法成熟、代表性强，通过 POC 估算废水 VOCs 逸散总量的方法则具备较强的可行性和可靠性（见图 5-3）。

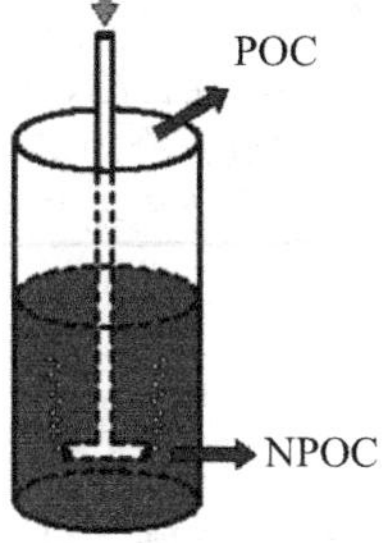

图 5-3 逸散性挥发性有机物 POC 测定原理示意

5.6.3 模型计算法

目前，国外常用计算软件有 Water 9、Toxchem+、Fate、Baste、Coral 等五类。其中，Water 9 为 USEPA 推荐使用，也是当前使用最广泛的软件；Toxchem+由 Enviromege 公司开发，仅提供试用版。相关功能比较见表 5-7。

表 5-7 逸散量计算软件功能比较

处理单元	Water 9	Toxchem+	Fate	Baste	Coral
曝气沉砂池	√	√	√	√	
初沉池	√	√		√	
活性污泥池	√	√	√	√	
生物滤池	√	√		√	
澄清池	√	√		√	
氧化塘	√			√	
废水收集	√	√			√

由表 5-7 可知，Water 9 功能较为齐全。因此，采用模型计算法时推荐采用 Water 9 软件。Water 9 计算所需输入参数如下：

①废水与大气参数。

处理水量（m^3/d)、水温、TDS、TSS、挥发性有机物成分及其水中浓度、水面风速（cm/s)、气温等指标。

②废水处理单元参数（见表 5-8)。

可利用 Water 9 计算挥发性有机物逸散量的废水收集与处理单元，这些单元必须输入相关参数：池数、池面尺寸（长×宽）、有效水深、设备机械功率与转数、曝气设备曝气量、处理单元是否加盖等，数据可通过设计资料或现场测量获取。

表 5-8 可利用 Water 9 计算挥发性有机物逸散量的废水收集与处理单元

设备单元	所需设备规格信息
废水收集单元	排放口、检查井、检修口、泵站、废水管道共 5 类
废水处理单元	格栅、砂水分离器、明渠、混合池、初沉池、调节池、滴滤池、曝气生物池、活性污泥池、表面曝气生物池、冷却塔、澄清池、油水分离器、储罐、油膜单元、稳定塘、跌水、出水、加盖分离器共 19 类

③挥发性有机物性质。

挥发性有机物性质包括水中溶解度、扩散系数、生物分解常数［mg/（g 生物质·h）］等。可使用 Water 9 设定值计算液-气相传质量，或自行修改自带参数计算挥发性有机物逸散量。

上述参数在现场测量并取水样进行分析后，输入 Water 9，即可获得各单元挥发性有机物成分逸散量。挥发性有机物在 Water 9 中的 3 种存在形式：逸散至大气中、被生物分解、留存于废水中。

经 Water 9 计算可以获得废水处理厂各单元，挥发性有机物逸散进入大气（emission into the atmosphere）、留存于水体（dissolved in water）及随出水流出的挥发性有机物量（mass flow，g/h）与挥发性有机物总量的比例。

5.6.4 排放系数法

《第二次全国污染源普查产排污系数手册》中提供了石化、医药、农药等重点行业企业废水 VOCs 排放系数，部分行业源强核算技术指南也提供相应废水排放系数。根据美国 AP-42 和我国台湾地区废水 VOCs 估算资料，石化废水处理排放系数也有了较为成熟的基础，可供借鉴参考使用。对于《第二次全国污染源普查产排污系数手册》、源强核算技术指南等文件均未提供废水排放系数的行业，可参考使用石化行业的废水估算，采用如下排放系数法计算：

$$E_{废水} = 10^{-3} \times S \times Q \times H \tag{5-6}$$

式中：S —— 排放系数（见表 5-9）；

Q —— 废水处理量，m^3/h；

H —— 废水处理设施的年运行时间，h。

表 5-9 废水处理设施 VOCs 逸散量排放系数

适用范围	排放源	单位排放强度/（kg/m^3）	备注
废水收集系统及油水分离	水中油的质量浓度＞3 500 mg/L	0.6	排放量（kg）=排放系数×废水处理量（m^3）
	水中油的质量浓度 880～3 500 mg/L	0.111	
	水中油的质量浓度＜880 mg/L	0.022 5	
废水处理厂—废水处理设施	生物处理设施	0.005	排放量（kg）=排放系数×废水处理量（m^3）

5.7 报告格式

企业排查工作完成后，需形成排查报告（见表 5-10）。

表 5-10 污水排放 VOCs 格式报告

排查项目	企业敞开液面 VOCs 排放污染源排查
排查单位	××公司
监测实施单位	××公司
报告编制单位	××公司
排查时间	××××年××月××日
监测时间	××××年××月××日
废水收集和处理系统基本情况（填写模板）	本企业有××套废水处理系统；废水收集系统检查井数量和受控数量分别为××个、××个，集水井数量和受控数量分别为 ×× 个、×× 个，排水管道中明渠长度××m，暗渠长度××m，埋地管道长度××m；各股来水的名称和流量分别为×××m^3/h，××m^3/h；废水处理系统处理工艺流程为×××，处理量为××m^3/h。 废水处理系统现有 VOCs 末端处理设施××套，主要收集×××构筑物，处理工艺为××，装置规模各为×× m^3/h
废水收集和处理系统 VOCs 排放估算结果及评估（填写模板）	选用方法：□实测法 □物料衡算法 □模型计算法 □排放系数法 实测记录是否符合要求： ○是 ○否 监（检）测报告、监（检）测记录值与计算时所用数据：○一致 ○不一致 核算过程： ○正确 ○不正确 估算本企业××××年度废水收集和处理系统 VOCs 排放量约为××t
备注	在不合规的情况下，应说明整改计划。 其他需要说明的排查结果

注：如有任意一项不达标，则视为“不达标”。

5.8 管理要求与建议

现阶段常见以下几类不符合相关标准规范要求的行为：含 VOCs 废水集输送、储存和处理过程未按照标准要求密闭或密闭不严，敞开液面逸散 VOCs 排放未得到有效收集；高、低浓度 VOCs 废气未分质收集；治理设施简易低效，无法实现稳定达标排放。

针对废水集输送、储存和处理处置过程，工业企业可参考《石油炼制工业污染物排放标准》《石油化学工业污染物排放标准》《关于加快解决当前挥发性有机物治理突出问题的通知》《重点行业挥发性有机物综合治理方案》等文件中的要求，做到对用于输送、储存、处理含挥发性有机物、恶臭污染物的废水设施密闭，产生的废气应接至废气回收或处理装置。在处理收集的废气尾气方面，除排气筒的设置、标识要根据相关的国家规范来进行以外，还需要有效使用冷凝法、吸附法、焚烧法等相关末端治理措施来进一步处理废气，从而达到符合排放标准。

另外，企业在废气治理方面还应该有相关的管理体系，如建立巡查、巡检、奖惩等管理制度和治理设施运行记录台账，自行或委托有资质的单位定期开展废气污染源监测，定期进行已加盖单元或构筑物的密封性检查。检查装置区含 VOCs 废水收集提升池、输送沟渠、储存、处理设施及污泥、浮渣储罐等废气密闭收集情况，检测治理设施排放浓度。在取样分析上，企业可定期对实验室分析人员进行考核，设置相关奖励制度，激励对分析仪器有较好实操能力的员工，从而达到分析数据的精准，企业的日常管理也能够更加高效。

5.9 估算方法案例

某石化企业 VOCs 排放量估算

基本估算流程如下图所示。

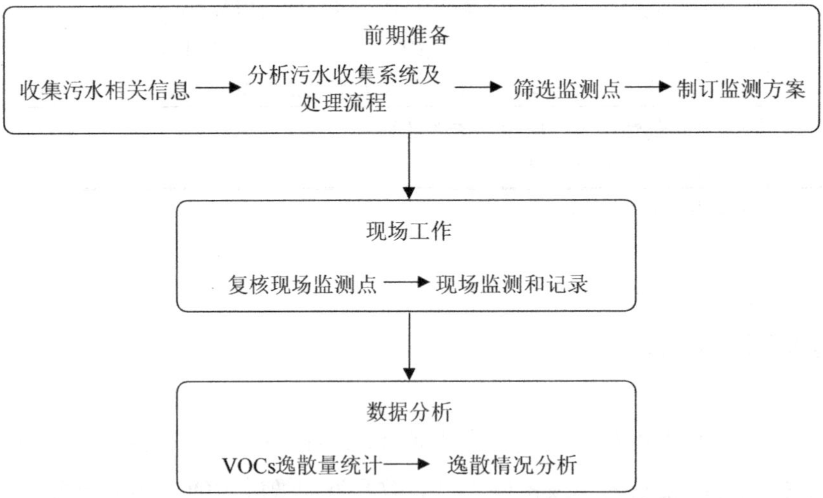

以某石化厂为例，厂内装置为常减压装置、柴油加氢装置、焦化装置，厂区有一个罐区，污水处理厂相关池子均未进行加盖处理，则根据相关资料可以列出该企业的监测点位，如下表所示。

	监测点位	监测项目	监测频率
收集系统	罐区切水	POC	3 次/d，连续 2 d
	机泵冷却水	POC	3 次/d，连续 2 d
	污水汽提净化水	POC	3 次/d，连续 2 d
	常减压电脱盐水	POC	3 次/d，连续 2 d
处理系统	集水井	POC	3 次/d，连续 2 d
	气浮池	POC	3 次/d，连续 2 d

通过监测相关 POC 数值，则根据监测数值代入式（5-1）计算，可得到下表的核算数值。

		浓度/10^{-6}	运行时间/h	流量/（m^3/h）	排放方式	排放量/（t/a）
收集系统	罐区切水	2.3	8 640	0.6	间歇，一周 2 次	0.011 9
	机泵冷却水	1.915	8 640	30.6	连续	0.506 3
	污水汽提净化水	2.1	8 640	26	连续	0.471 7
	常减压电脱盐水	3.3	8 640	33	连续	0.940 9
处理系统	集水井	0	8 640	90.2	连续	0
	气浮池	0	8 640	90.2	连续	
污水排放量						1.939

因此，根据相关数据计算得出该石化厂污水处理过程逸散挥发性有机物的年排放量约为 1.94 t。

若是采用系数法，根据该企业提供监测报告，水中含油量在 880～3 500 mg/L，选用系数则参照表 5-9 中相关的系数进行分析，可得到如下表所示计算结果。

适用范围	单位排放强度/（kg/m^3）	备注
废水收集系统及油水分离	0.111	排放量（kg）=排放系数×废水处理量（m^3）
废水处理厂—废水处理设施[a]	0.005	排放量（kg）=排放系数×废水处理量（m^3）

$$Q_{全厂}=Q_{收集}+Q_{处理}=0.111\times90.2+0.005\times90.2=10.46\ \text{t}$$

则根据计算结果得出该石化企业的污水排放量为 10.46 t/a。

分析对比：根据实测法估算的 VOCs 排放量为 1.93 t/a，而根据系数法估算的排放量为 10.46 t/a，相对于系数法，实测法排放量仅为系数法排放量的 18.45%，在一定程度上更能够实际反映企业的排放量，对企业后期的管控、治理技术以及措施的定位也能够更加准确。

6 循环冷却水系统排放

6.1 概述

循环冷却水系统分封闭式和敞开式两种。封闭式循环冷却水系统又称为密闭式循环冷却水系统。敞开式循环冷却水系统是目前应用最广的一种冷却系统，它是以温差热交换原理转移走工艺介质或换热设备所散发的热量，利用热水和空气直接接触时将一部分热水蒸发出去，从而使大部分热水得到冷却后，再循环使用。

在工业企业中，根据水与换热介质接触方式，包括接触物料型和非接触物料型，如石油化工行业常见的循环冷却水换热基本不接触物料，而化肥行业循环冷却水基本与物料进行充分接触换热，制药行业有些循环冷却水则存在与挥发性有机物冷却液直接接触（如乙二醇等冷却液）的现象。

本章所述的循环冷却水系统污染源是指由于回用水处理不彻底、添加水质稳定剂和工艺物料泄漏将污染物带入循环冷却水中，污染物通过循环水冷却塔的闪蒸、汽提和风吹等作用释放到大气中，这是一种正常工况下连续不稳定的排放。工业企业循环水用量大、物料性质及冷却介质复杂多样，循环水系统设备及材质老化、生产操作不稳定等问题均易造成换热器泄漏，影响冷却水水质，因此，循环水泄漏排查和修复已经成为循环水场重要的管控部分。国内外针对循环水的挥发性有机物排放估算出台了相关的文件，如《第二次全国污染源普查产排污系数手册》里推荐了通用源项循环冷却水的排放系数，《美国炼油厂排放估算协议》（USEPA，2015 年）中推荐了五级估算循环冷却水系统 VOCs 逸散方法。

6.2 排查工作流程

循环冷却水系统排放 VOCs 排查工作流程见图 6-1。

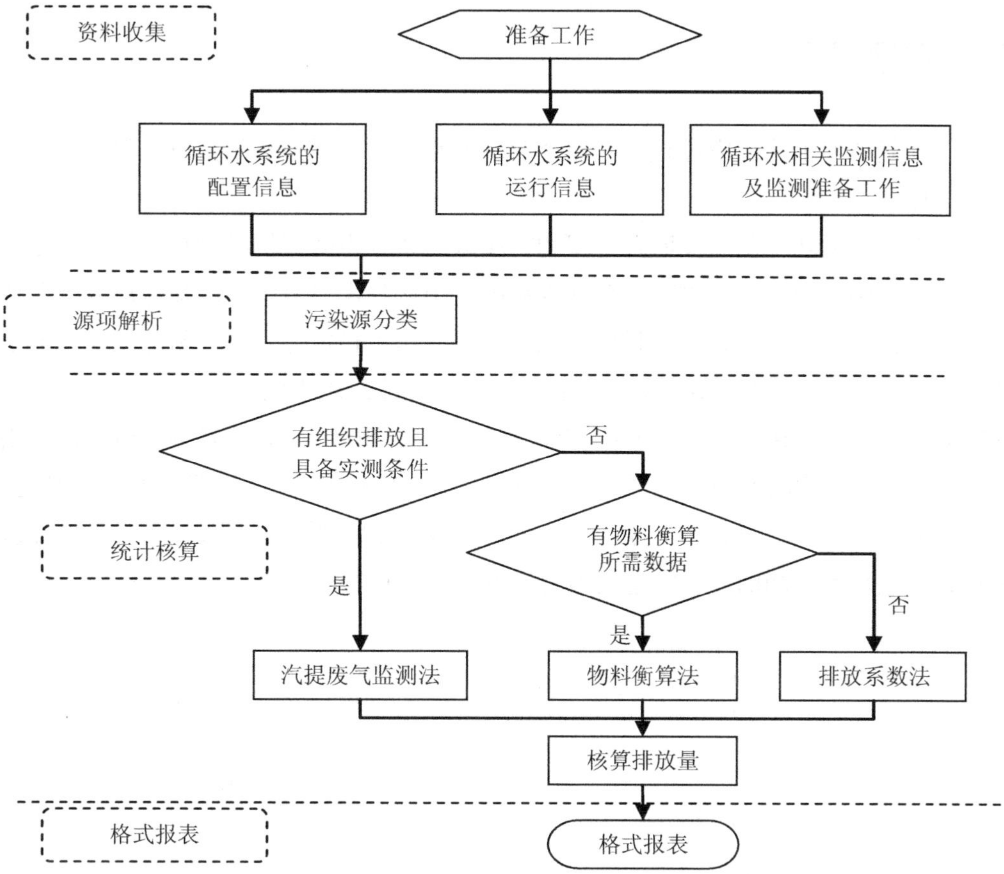

图 6-1 循环冷却水系统排放 VOCs 排查工作流程

6.3 资料收集

表 6-1 工业企业冷却塔、循环水源项 VOCs 排放调查

估算方法排序	需要的数据/信息		
	运行信息	监测或检测数据	VOCs 排放系数
汽提废气监测法	循环水流量、汽提塔的样品水流量、汽提空气流量、汽提塔的压力、温度、冷却水流循环速率、运行时间	循环水密度、测量汽提空气中分物种的 VOCs 浓度、监测周期等	—
物料衡算法	循环水流量、运行时间	冷却塔入口、出口水中 TOC 的浓度、循环水密度	—
排放系数法	循环水流量、运行时间	—	基于循环水冷却塔类型的 VOCs 排放系数

6.4 源项解析

由于复杂的工艺反应过程，工业企业基本都存在需要换热的工段以保持工序的正常稳定运行。

①敞开式循环冷却水按照是否跟物料接触主要分为间接接触物料及直接接触物料两种类型。其中，间接接触物料的循环水系统由于冷却水用量大、冷却介质复杂多样、物料性质、循环水系统的设备及材质老化、生产操作不稳定等问题容易造成换热器泄漏，进而将挥发性有机物带入循环水中。由于循环水在冷却塔中闪蒸、汽提作用和风吹逸散，VOCs 会从冷却水中逸散到大气中。直接接触物料的循环水，由于需要在进入冷却塔前有一段沉淀处理工序将水中的悬浮物沉降下来（部分行业还需要在沉降完后对水质进行 pH 的调节），而这个沉淀池一般为敞口，形成一个无组织扩散源，挥发性有机物会在沉降过程中以及循环水冷却的过程中逸散到大气中（见图 6-2）。

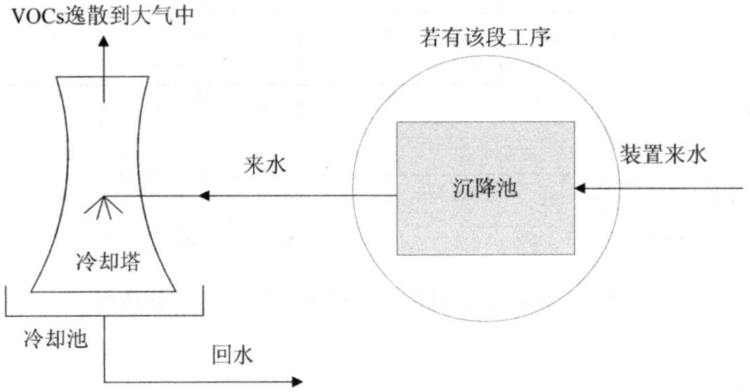

图 6-2 冷却塔 VOCs 逸散源项分析

②封闭式循环冷却水系统主要由封闭式循环冷却泵、封闭式循环冷却水热交换器、高位水箱（罐）、加药箱以及三通式气动截止阀等设备构成，主要冷却换热部分如图 6-3 所示，在这个过程中，若是换热器发生泄漏，污染了管道中的循环水水质，则在喷淋水给管道降温过程中也会产生挥发性有机物的逸散，通过风机排至大气中。在进出热水的过程中，高位水罐（箱）由于液位的变化会造成挥发性有机物的逸散。

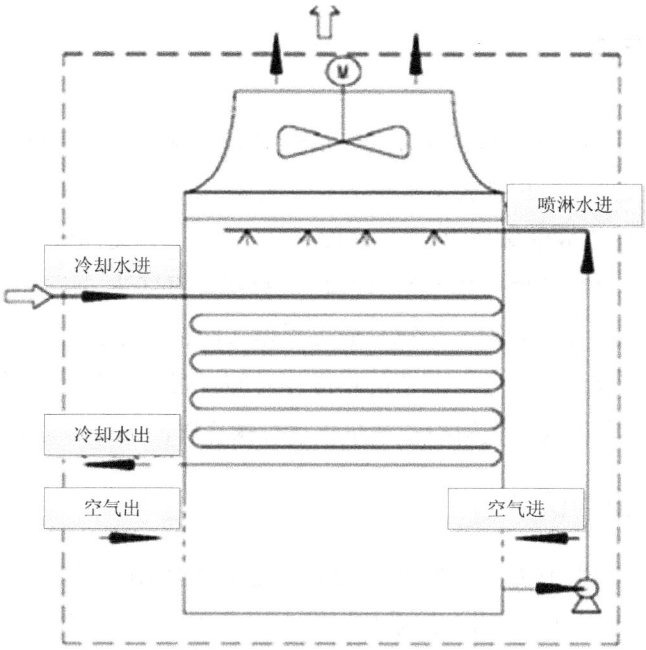

图 6-3 封闭式循环水系统

6.5 现场检查

6.5.1 检查范围

企业应开展 VOCs 排放的日常监测工作，并保证相关监测数据的完整性和有效性。

当采用汽提废气监测法时，使用汽提塔汽提，监测方法采用 USEPA 的 TO-14A、TO-15、Method 18 或气相色谱/离子火焰检测器法（GC/FID）。采用物料衡算法时，采样及分析方法应满足 HJ 493、HJ 501 等相关标准的要求。

6.5.2 排查方法

工业企业可自行组织制订监测计划，对循环水换热工段进行泄漏排查，对于不直接接触物料的循环水可采取定点采样监测分析等方法来初步判断循环水是否发生物料泄漏污染情况；对于直接接触物料的循环水，则应该通过定期对水质进行监测分析进一步控制挥发性有机物的逸散。

6.6 推荐估算方法

循环冷却水系统排放的推荐估算方法包括汽提废气监测法、物料衡算法和排放系数法。其中，汽提废气监测法和排放系数法主要参照使用《石化行业 VOCs 污染源排查工作指南》《美国炼油厂排放估算协议》（USEPA，2015 年）等文件进行排放量的估算，物料衡算法可利用基于“逸散性可挥发性有机物”的物料衡算法。由于所使用的技术方法不同，准确性和适用性有所差别，工业企业可根据实际情况选择排放估算方法。一般情况下，冷却塔的年排放量应考虑冷却塔的年操作时间，可利用各监控期间的检测浓度求出其排放量后加和获得，或者使用冷却塔全年运行操作时间的排放系数进行估算。

6.6.1 汽提废气监测法

此方法可测量冷却水中沸点低于 60℃的易汽提组分的浓度。该方法基于实验方法-EI Paso 法（TCEQ，2003 年），采用直流系统汽提水样，在汽提塔的空气出口，通过使用现场 FID 分析仪测得废气中总 VOCs 浓度或采用 TO-14A、TO-15、EPA Method 18、GC/FID 气相色谱/离子火焰检测器等方法，测得废气中各挥发性有机物的浓度再计算总 VOCs 浓度，从而核算水中可汽提 VOCs 的排放量。

对服务于多组分工艺物流的冷却塔，首先要确定冷却水中可汽提化合物的生成物质。对服务于单组分工艺物流的冷却塔，使用 FID 分析仪即可。

第一步，先计算汽提塔出口检测冷却水中可汽提组分的浓度：

$$C_{水,\mathrm{VOCs}} = \frac{C_{空气,\mathrm{VOCs}} \times \mathrm{MW}_{\mathrm{VOCs}} \times P \times b_{汽提空气流量}}{R \times (T + 273.15) \times a_{样品水流量} \times \rho_{水}} \tag{6-1}$$

式中：$C_{水,\mathrm{VOCs}}$—— 可汽提 VOCs 在原料水中的浓度，g/g；

$C_{空气,\mathrm{VOCs}}$—— 汽提气中 VOCs 的浓度，mol/mol；

$\mathrm{MW}_{\mathrm{VOCs}}$—— 汽提气中 VOCs 的分子量，g/mol；

P—— 汽提塔的压力，kPa；

$b_{汽提空气流量}$—— 汽提塔的汽提空气流量，mL/min；

R—— 气体常数，8.314×10^3 mL·kPa/（mol·K）；

T—— 汽提塔温度，℃；

$a_{样品水流量}$—— 汽提塔样品水流量，mL/min；

$\rho_{水}$—— 样品冷却水的密度，g/mL。

第二步，估算冷却水中可汽提总 VOCs 的排放量：

$$E_{冷却塔,i} = C_{水,\mathrm{VOC}} \times \mathrm{Flow}_{循环水} \times \rho_{水} \times t \times 10^{-3} \tag{6-2}$$

式中：$E_{冷却塔, i}$—— 第 i 个冷却塔 VOCs 排放量，t/a；

$Flow_{循环水}$—— 循环冷却水流量，m^3/h；

$\rho_{水}$—— 循环水的密度，kg/m^3；

t—— 监控周期的时长或泄漏发生的时长，h/a。

6.6.2 物料衡算法

本节所阐述的物料衡算法是基于实测进行估算的，并假定凉水塔的进出流率不变，通过监测冷却塔中冷却水暴露到空气之前和之后逸散性挥发性有机物（TOC）浓度的变化和循环冷却水循环流量，以及冷却水暴露到空气前总有机碳（TOC）浓度和冷却塔风吹作用带走的循环水量，计算冷却塔 VOCs 排放量。其中，冷却塔风吹作用带走的循环水量可通过冷却塔循环水补水量、冷却塔循环水蒸发水量和冷却塔循环水排污量得出。

6.6.2.1 敞开式循环水系统

敞开式循环水主要分为直接接触物料和间接接触物料两种，这两种主要差别在于直接接触物料的循环水多数用于煤化工、化肥行业中，通过与物料直接接触来达到给物料降温的目的。由于接触的大多数为固体物料，因此循环水换热后还会经过一道沉降工序来去除水中的杂质，而在这个沉降过程中，由于池子为敞口，存在挥发性有机物逸散的现象。在进行挥发性有机物的核算过程中，直接接触物料的循环水还应把沉淀池的逸散考虑进来。

①间接接触物料的循环水，主要分为两种情况：一种是能够取到单独装置区内回水和出水总管的循环水样；另一种是不能取到单独装置区内回水和出水总管的循环水样。

对于单独装置能够取到装置区内的回水和出水总管的循环水样的装置，则采用如图 6-4 所示的监测采样方式。

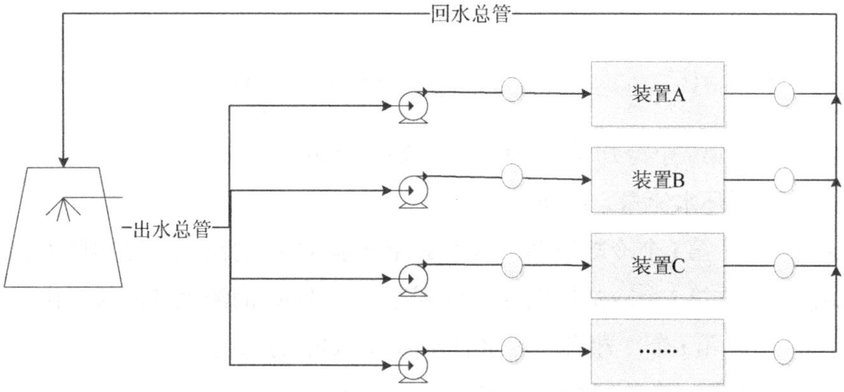

注：圆圈为取样点位

图 6-4 循环水监测点位布置

计算公式如下：

$$E_{装置,i}=Q_{循环}\times\left(C_{TOC出水i}-C_{TOC进水i}\right)\times10^{-6} \quad (6\text{-}3)$$

式中：$E_{装置,i}$ —— 第 i 个装置年 VOCs 排放量，t/a；

$Q_{循环}$ —— i 装置的循环水流量，m^3/h；

$C_{TOC进水i}$ —— 第 i 个装置循环水来水的 TOC 浓度，mg/L；

$C_{TOC出水i}$ —— 第 i 个装置循环水出水的 TOC 浓度，mg/L。

对于单独装置不能取到装置区内的回水和出水总管的循环水样的装置，则采用如图 6-5 所示的监测采样方式。

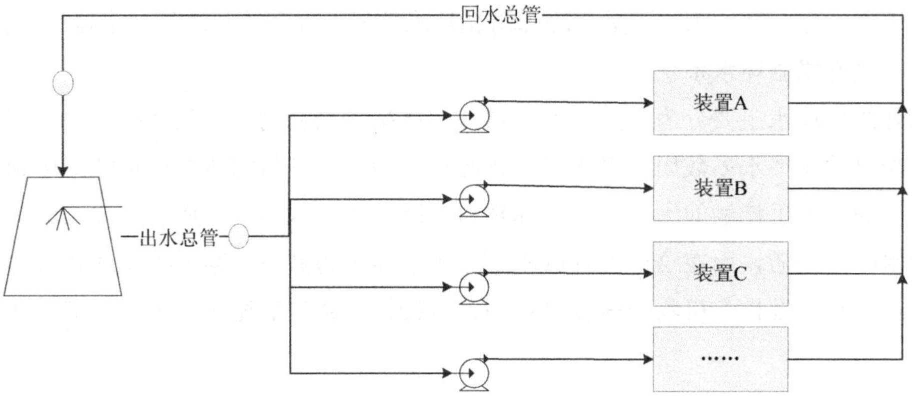

图 6-5 循环水监测点位布置

计算过程如下：

$$E_{冷却塔,i}=\left[Q_{循环}\times\left(C_{TOC进水i}-C_{TOC出水i}\right)+Q_{补水}\times C_{TOC补水i}-Q_{排污}\times C_{TOC排污i}\right]\times10^{-6} \quad (6\text{-}4)$$

式中：$E_{冷却塔,i}$ —— 第 i 个冷却塔年 VOCs 排放量，t/a；

$Q_{循环}$ —— 循环水流量，m^3/h；

$C_{TOC进水i}$ —— 第 i 个冷却塔循环水暴露空气前 TOC 的浓度（冷却塔入口），mg/L；

$C_{TOC出水i}$ —— 第 i 个冷却塔循环水暴露空气后 TOC 的浓度（冷却塔出口），mg/L；

$C_{TOC补水}$ —— 第 i 个冷却塔循环水补水入口 TOC 的浓度，mg/L；

$C_{TOC排污}$ —— 第 i 个冷却塔循环水排污口 TOC 的浓度，mg/L；

$Q_{补水}$ —— 冷却塔循环水补水量，m^3/h；

$Q_{排污}$ —— 冷却塔循环水排污量，m^3/h。

②对于直接接触物料的循环水，同样也分为两种情况：一种是单独装置能够取到装置区内回水和出水总管的循环水样；另一种是单独装置不能取到装置区内回水和出水总管的循环水样。

对于单独装置能够取到装置区内的回水和出水总管的循环水样的装置，则采用如图 6-6 所示的监测采样方式。

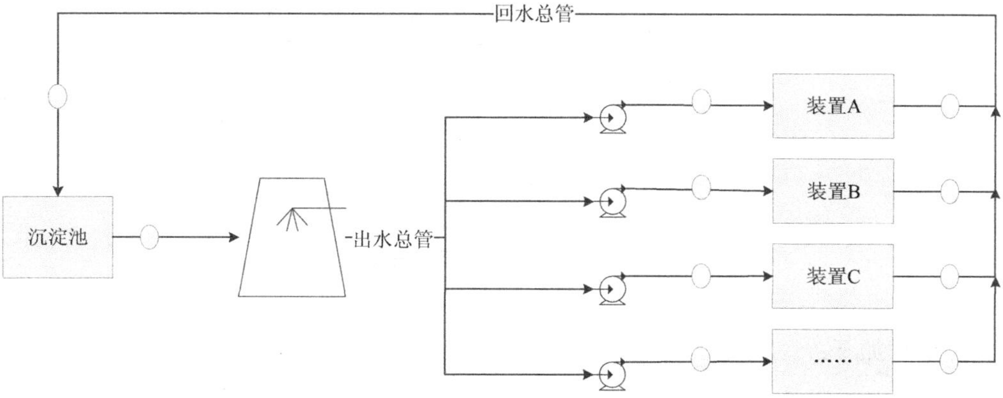

图 6-6 循环水监测点位布置

计算公式如下：

$$E_{总}=\sum E_{装置}+\left(C_{沉,\ TOC进水}-C_{沉,\ TOC出水}\right)\times Q_{循环水总量} \tag{6-5}$$

$$E_{装置,\ i}=Q_{循环}\times\left(C_{TOC出水i}-C_{TOC进水i}\right)\times 10^{-6} \tag{6-6}$$

式中：$E_{总}$ —— 该企业年 VOCs 排放量，t/a；

$E_{装置,\ i}$ —— 第 i 个装置年 VOCs 排放量，t/a；

$Q_{循环水总量}$ —— 该企业所有装置的循环水总流量，m^3/h；

$Q_{循环}$ —— i 装置的循环水流量，m^3/h；

$C_{沉,\ TOC进水}$ —— 沉淀池进水的 TOC 浓度，mg/L；

$C_{沉,\ TOC出水}$ —— 沉淀池出水的 TOC 浓度，mg/L；

$C_{TOC进水i}$ —— 第 i 个装置循环水进水的 TOC 浓度，mg/L；

$C_{TOC出水i}$ —— 第 i 个装置循环水出水的 TOC 浓度，mg/L。

对于单独装置不能取到装置区内的回水和出水总管的循环水样的装置，则采用如图 6-7 所示的监测采样方式。

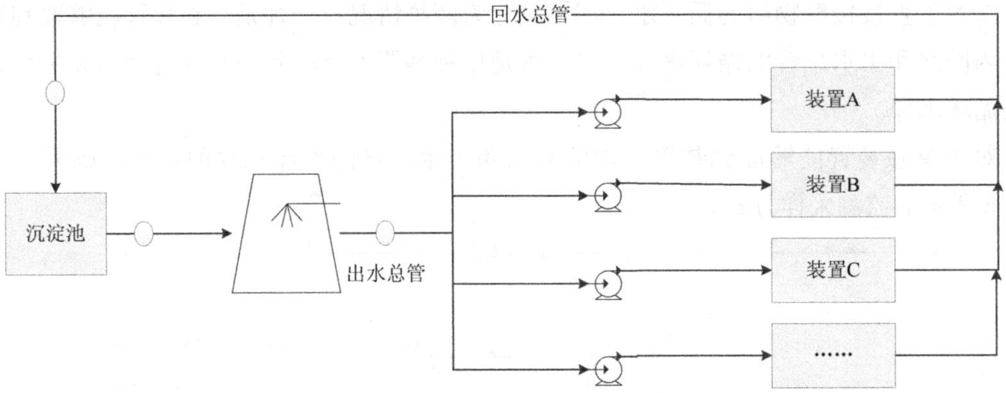

注：圆圈为取样点位

图 6-7 循环水监测点位布置

计算过程如下：

$$E_{总}=\sum E_{冷却塔}+\left(C_{沉,\ TOC进水}-C_{沉,\ TOC出水}\right)\times Q_{循环水总量} \quad (6\text{-}7)$$

$$E_{冷却塔,\ i}=\left[Q_{循环}\times\left(C_{TOC进水i}-C_{TOC出水i}\right)+Q_{补水}\times C_{TOC补水i}-Q_{排污}\times C_{TOC排污i}\right]\times 10^{-6} \quad (6\text{-}8)$$

式中：$E_{总}$ —— 该企业年 VOCs 排放量，t/a；

$E_{冷却塔,\ i}$ —— 第 i 个冷却塔年 VOCs 排放量，t/a；

$Q_{循环水总量}$ —— 该企业所有装置的循环水总流量，m^3/h；

$Q_{循环}$ —— 第 i 个冷却塔循环水流量，m^3/h；

$Q_{补水}$ —— 第 i 个冷却塔循环水补水量，m^3/h；

$Q_{排污}$ —— 第 i 个冷却塔循环水排污量，m^3/h；

$C_{TOC\ 进水\ i}$ —— 第 i 个冷却塔循环水暴露空气前 TOC 的浓度（冷却塔入口），mg/L；

$C_{TOC\ 出水\ i}$ —— 第 i 个冷却塔循环水暴露空气后 TOC 的浓度（冷却塔出口），mg/L；

$C_{TOC\ 补水\ i}$ —— 第 i 个冷却塔循环水补水入口 TOC 的浓度，mg/L；

$C_{TOC\ 排污\ i}$ —— 第 i 个冷却塔循环水排污口 TOC 的浓度，mg/L；

$C_{沉,\ TOC\ 进水}$ —— 沉淀池进水的 TOC 浓度，mg/L；

$C_{沉,\ TOC\ 出水}$ —— 沉淀池出水的 TOC 浓度，mg/L。

6.6.2.2 封闭式循环水系统

封闭式循环水系统主要挥发性有机物的逸散点位为高位水罐（箱）的排气口，而考虑该排气口的安全性问题，推荐采用高位水罐（箱）进出口的 TOC 浓度差来计算挥发性有机物排放量，具体如图 6-8 所示。计算公式见式（6-8）。

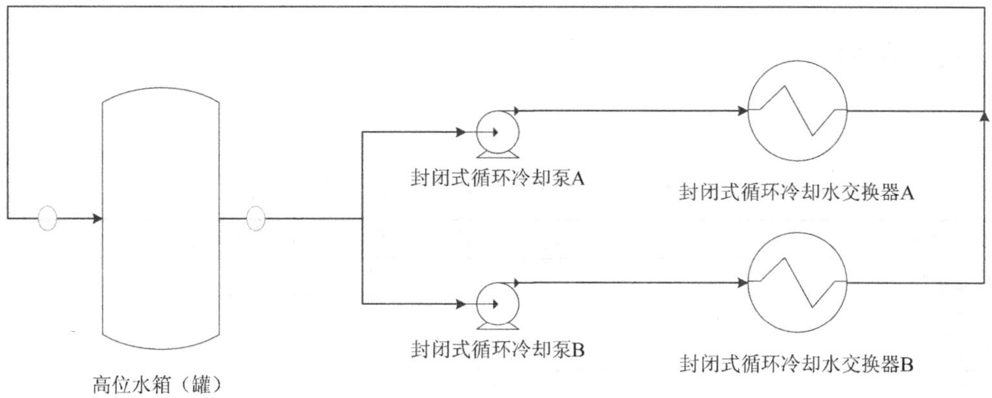

注：圆圈为取样点位

图 6-8 循环水监测点位布置

6.6.3 排放系数法

当不能得到监测数据、监测数据错误或不具有统计学意义时，可参考国内及美国相关炼油排放标准，对循环水冷却塔 VOCs 释放量采用排放系数法进行估算：

$$E_{冷却塔,i} = Q_{循环水} \times \mathrm{EF} \times t \tag{6-9}$$

式中：$E_{冷却塔,i}$ —— 第 i 个循环水冷却塔 VOC 排放量，t/a；

$Q_{循环水}$ —— 循环水流量，m^3/h；

EF —— 单位体积循环水 VOCs 排放系数，t/m^3（见表 6-2）；

t —— 循环水冷却塔年运行时间，h。

表 6-2 循环冷却水系统排放 VOCs 排放系数

凉水塔类型	VOCs 排放系数/（t/m^3 循环水量）
机械通风、逆流	7.19×10^{-7}
机械通风、横流	
没有特定气流或流型	
自然通风	

6.7 报告格式

表 6-3 循环冷却水系统排放 VOCs 污染源排查报告

排查项目	企业循环冷却水系统排放 VOCs 污染源排查
排查单位	××公司
监测实施单位	××公司
报告编制单位	××公司
排查时间	××××年××月××日
监测时间	××××年××月××日
循环冷却水系统排放基本情况（填写模板）	循环水场 1，规模××m^3/h，服务范围包括：×××。 循环水场 2，规模××m^3/h，服务范围包括：×××。 ……
循环冷却水系统排放 VOCs 排放估算结果及评估（填写模板）	估算本企业××××年度其他源项 VOCs 排放量约为××t
备注	在不合规的情况下，应说明整改计划。 其他需要说明的排查结果

6.8 管理要求与建议

工业企业循环水使用量大，与物料发生接触容易造成管道老化、腐蚀，并且存在挥发性有机物的逸散问题，严重情况可能引发安全事故，造成人身安全和财产损失。

在管理方面，工业企业可以进行常规监测队伍的组建，主要是加强日常的巡检管理工作，企业可定期自行进行 LDAR 监测，并对发生泄漏的地方进行修复，防止循环水的二次污染发生，进一步增强企业的综合竞争力。同时，为了防止循环水的闪蒸带来监测不准的问题，推荐使用带压采样。一方面，可以进行连续采样，保证水质的代表性问题；另一方面，连续带压采样可以防止循环水发生闪蒸，使得分析结果更为准确可靠。

6.8.1 消除泄漏源

加强泄漏检查，相关装置工艺人员积极配合采样分析，对敞开式循环冷却水系统，每 6 个月对流经换热器进口和出口的循环冷却水中的总有机碳（TOC）浓度进行检测，若出口浓度大于进口浓度 10%，要溯源泄漏点并及时修复，在最短的时间内发现泄漏点，避免影响循环水水质。查找出的泄漏设备应立即从系统中切出，如确实无法切出的，应采取不污染环境的妥善措施使其循环回水就地排放，避免影响其他换热设备和整个循环水系统。

6.8.2 降低浓缩倍数运行

由于泄漏后水质严重恶化，为了尽量降低微生物黏泥在循环水中的浓度，减轻水质恶化对水冷器的危害，应增大排污水量和补水量。

6.8.3 完善循环水管理制度

水质专业管理部门应加大管理力度，投用循环水水质监测设备，加强药剂检定工作，同时对各装置的换热器、水冷器进行不定期监测。制订相应的奖惩措施，提高装置管理人员的水质管理意识。采取多种形式向装置人员灌输循环水水质对装置生产的影响，提高装置人员对循环水水质管理意识，积极主动参与循环水水质的管理，不随意排放循环水，出现问题积极主动解决。

6.9 估算方法案例

计算某石化厂循环水 VOCs 排放概况

某石化厂共有 10 套装置，分别为干气制氢装置、常减压装置、溶剂脱沥青装置、催化裂化装置、汽油加氢装置、油品精制装置、气分装置、延迟焦化装置、20 万 t 柴油加氢装置、50 万 t 柴油加氢装置、硫黄回收装置。根据单独装置供给循环水，可得到如下表的监测点位。

所属装置	采样点	监测项目	监测频次
干气制氢装置	装置循环水进口	TOC	3 次/d，连续 2 d
	装置循环水出口	TOC	3 次/d，连续 2 d
常减压装置	装置循环水进口	TOC	3 次/d，连续 2 d
	装置循环水出口	TOC	3 次/d，连续 2 d
溶剂脱沥青装置	装置循环水进口	TOC	3 次/d，连续 2 d
	装置循环水出口	TOC	3 次/d，连续 2 d
催化裂化装置	装置循环水进口	TOC	3 次/d，连续 2 d
	装置循环水出口	TOC	3 次/d，连续 2 d
汽油加氢装置	装置循环水进口	TOC	3 次/d，连续 2 d
	装置循环水出口	TOC	3 次/d，连续 2 d

所属装置	采样点	监测项目	监测频次
油品精制装置	装置循环水进口	TOC	3 次/d，连续 2 d
	装置循环水出口	TOC	3 次/d，连续 2 d
气分装置	装置循环水进口	TOC	3 次/d，连续 2 d
	装置循环水出口	TOC	3 次/d，连续 2 d
延迟焦化装置	装置循环水进口	TOC	3 次/d，连续 2 d
	装置循环水出口	TOC	3 次/d，连续 2 d
20 万 t 柴油加氢装置	装置循环水进口	TOC	3 次/d，连续 2 d
	装置循环水出口	TOC	3 次/d，连续 2 d
50 万 t 柴油加氢装置	装置循环水进口	TOC	3 次/d，连续 2 d
	装置循环水出口	TOC	3 次/d，连续 2 d
硫黄回收装置	装置循环水进口	TOC	3 次/d，连续 2 d
	装置循环水出口	TOC	3 次/d，连续 2 d

通过监测相关 TOC 数值，将监测数值代入式（6-5）进行计算，可得到下表的核算数值。

装置	进口浓度/10^{-6}	出口浓度/10^{-6}	运行时间/h	流量/（m^3/h）	排放方式	排放量/（t/a）
干气制氢	1.35	1.46	8 640	266	连续	0.25
常减压装置	1.88	1.99	8 640	740	连续	0.70
溶剂脱沥青	3.21	3.82	8 640	271	连续	1.43
催化裂化	4.06	4.18	8 640	620.8	连续	0.64
汽油加氢	1.75	2.5	8 640	107.9	连续	0.70
油品精制	1.59	1.92	8 640	22	连续	0.06
气分	3.53	3.77	8 640	2.5	连续	0.01
延迟焦化	2.12	2.48	8 640	413.2	连续	1.29
20 万 t 柴油加氢	1.68	1.82	8 640	441	连续	0.53
50 万 t 柴油加氢	6.62	7.6	8 640	359.3	连续	3.04
硫黄回收	0.31	0.69	8 640	730	连续	2.40
循环水总排放						11.05

根据相关参数计算得出该石化厂循环水的年排放量约为 11.05 t。

若是采用系数法进行计算，则根据相关的系数计算可得下式：

$$E=Q_{循环总量}\times 7.19\times 10^{-7}=3\,973.7\times 7.19\times 10^{-7}=24.69\ \text{t}$$

分析对比：根据实测法估算的 VOCs 排放量为 11.05 t/a，而根据系数法估算的排放量为 24.69 t/a，相对于系数法，实测法排放量为系数法的 44.75%，更能反映企业的实际排放量，对企业后期的管控、治理技术以及措施的定位也能够更加准确。

7 涉 VOCs 固体物料堆存排放

7.1 概述

大部分工业企业都会涉及有机固体的原料、产品、中间产品、废弃物等［如煤炭、橡胶、树脂颗粒、炭黑、轮胎、磷肥、焦炭、沥青、污泥、废催化剂、废活性炭（焦）、废树脂、废白土、废瓷球、废脱氯剂、废分子筛等］。该类固体主要分为两大类，一类是固体本身含有 VOCs，如聚丙烯颗粒、顺丁橡胶等；另一类是通过在处理含 VOCs 气/液体过程中，富集了 VOCs 的固体，如污泥、废活性炭等。

这些固体物料或在开放式、半开放式情况下堆存和装卸，不仅会有扬尘污染，固体物料附着或者内含挥发性物质在阳光或者高温条件下，还可能释放 VOCs，属于正常工况下的无组织排放；或是密闭式的环境下堆存和装卸，堆存车间若是有集气通风措施，则搜集的废气将通过尾气处理措施后的排气筒进行排放，属于正常工况下的有组织排放。

7.2 排查工作流程

涉 VOCs 固体物料堆存排放排查工作流程包括资料收集、源项解析、统计核算、格式报表 4 部分，具体工作流程见图 7-1。

7.3 资料收集

需要收集的资料包括：涉 VOCs 固体物料堆存设施的基本情况（如地理位置、尺寸、是否密闭空间等）；涉 VOCs 固体物料堆存量有关信息［如年堆存量（重量）、年进入堆存设施次数、每批次进堆存设施前的重量、每次监测采样样品重量、涉 VOCs 固体物料种类］；环境保护监测相关信息，即在无有机废气控制措施条件下，实测每批次涉 VOCs 固体物料 VOCs 含量浓度，在有有机废气控制措施条件下，实测每批次涉 VOCs 固体物料 VOCs 含量浓度、有机废气控制措施进出口 VOCs 浓度和废气量（见表 7-1）。

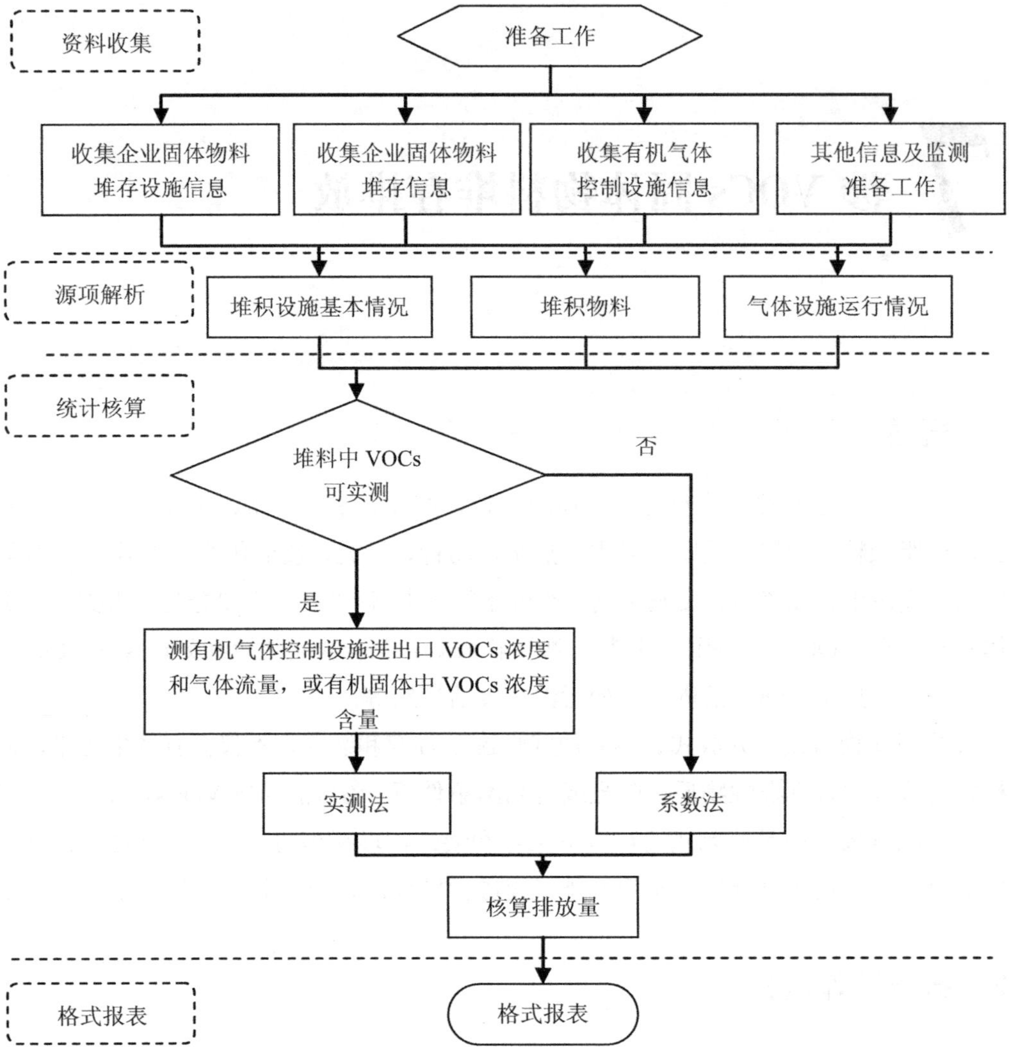

图 7-1　固体物料堆存 VOCs 排查工作流程

表 7-1　固体物料堆存源项 VOCs 排放调查

关键词	固体物料名称	固体物料类型	产生/堆存量/（t/a）	堆存方式	固体物料最终去向	是否有尾气末端治理设施	废气末端治理设施名称
参数类型	文字	文字	数值	文字	文字	文字	文字
1		原料		密闭堆存	成品外送	是	
2							
3							
…							

注：固体物料类型包括“原料”“中间”“成品”“一般固废”“危废液体”“危废固体”“其他”；
堆存方式包括“密闭堆存”“敞口堆存”“半敞开式堆存”；
物料最终去向包括“中间料参与反应”“成品外送”“燃烧”“填埋”“固化”“生物法”“其他”。

7.4 源项解析

煤炭、固体化学品原料、半成品、成品、含油污泥、各种固体废物在堆存过程中均存在 VOCs 逸散排放。以某炼油厂为例，自配电站的煤堆场等原料堆场，炼油厂的延迟焦化装置切焦过程中产生的大量焦炭等物料堆场、化工装置生产成品包装料仓等成品料堆存以及污水处理厂处理过程中产生的污泥、活性炭等危废堆积都存在挥发性有机物的逸散。

7.5 现场检查

企业应开展 VOCs 排放的日常监测工作，并保证相关监测数据的完整性和有效性。

VOCs 排放源的日常监测频次应为每批次进入堆场前的涉 VOCs 固体物料均进行监测。采样及分析方法应满足 HJ 760 等相关标准的要求。

7.6 推荐估算方法

7.6.1 实测法

当能得到有效监测数据时，涉 VOCs 固体物料堆存源项 VOCs 核算方法可采用实测法。企业在可以确定废气中 VOCs 种类的情况下应优先采用实测法进行 VOCs 排放量核算。公式如下：

$$Q=\sum_{1}^{n}P_i\times q \tag{7-1}$$

式中：Q —— 挥发性有机物年排放量，kg；

P_i —— 第 i 批固体物料 VOCs 浓度，mg/kg；

q —— 固体处理量（堆存量），kg/a；

n —— 固体物料总批数。

7.6.2 排放系数法

当不能得到监测数据、监测数据错误或不具有统计学意义时，无法使用实测法进行测算。可参考国内相关研究，对固体物料堆存 VOCs 排放量采用系数法进行估算：

$$Q_{固体物料,i}=EF_i \times q \quad (7\text{-}2)$$

式中：$Q_{固体物料,i}$ —— 第 i 种类固体物料 VOCs 排放量，kg/a；

EF_i —— 单位体积固体物料堆存 VOCs 排放系数，kg/t 堆存量（见表 7-2）；

q —— 固体物料敞开堆存量，t/a。

表 7-2　固体物料堆存 VOCs 排放系数

序号	物料名称	堆存方式	单位	产污系数
1	褐煤	敞开式	kg/t 堆存量	6.600×10^{-5}
2	石油焦	敞开式	kg/t 堆存量	3.376×10^{-3}
3	油泥	敞开式	kg/t 堆存量	1.933×10^{-2}
4	污泥	敞开式	kg/t 堆存量	8.440×10^{-2}

7.7　报告格式

涉 VOCs 固体物料堆存污染源 VOCs 排查工作结束后应编制排查报告，排查报告的格式及内容见表 7-3。

表 7-3　涉 VOCs 固体物料堆存 VOCs 污染源排查报告

排查项目	涉 VOCs 固体物料堆存污染源 VOCs 排查
排查单位	××公司
监测实施单位	××公司
报告编制单位	××公司
排查时间	××××年××月××日
监测时间	××××年××月××日
涉 VOCs 固体物料堆存污染源基本情况（填写模板）	企业在役涉 VOCs 固体物料堆存设施××座、××物质堆存设施××座、××物质堆存处年堆存量××m^3，进堆存设施批次××次，VOCs（TOC）监测批次××次，VOCs（TOC）监测采样固体重量累计××t
涉 VOCs 固体物料堆存污染源 VOCs 排放估算结果及评估（填写模板）	企业××××年度涉 VOCs 固体物料堆存污染源 VOCs 排放量约为××t
备注	其他需要说明的事项

7.8　管理要求与建议

在堆积存储方面，由于各行业、各企业的产品、原料等不一样，现阶段没有针对堆积物管理的统一标准。企业应该建有相应的物料堆存车间，对涉 VOCs 的物料进行统一存储，避免由于露天堆放造成有机物的逸散，并且在堆存车间还应配有相应的废气收集处理措施，能够达到较好的捕集率并且对废气进行统一处理，达标后排放大气，尽可能减少挥发性有机物的逸散。

在安全方面，企业应该对废催化剂、污泥等储存车间进行安全标志提示，防止员工在不知情的情况下接触并发生“催化剂中毒”等事件，且废催化剂一般都含重金属离子，要做好储存车间的防渗工作，防止造成重金属的土壤污染。

对于产生堆积时间较长的（如焦炭、煤场、聚丙烯成品车间成品料堆存、废催化剂等）涉 VOCs 固体物料，应建立相应的堆存车间进行全程密闭堆存，并尽可能在堆存车间增加废气处理措施，对堆存车间的废气收集、统一处理（如增加活性炭吸附或是碱洗等措施）后再排放。对于堆存时间较短的（如污泥等危险废物）涉 VOCs 固体物料，应及时委托给有资质的第三方，争取在短时间内对堆存物料进行处理。

7.9　估算方法案例

某企业固废堆存 VOCs 排放情况

某化工厂有污泥、废催化剂等固体物料堆存，暂时存放在危废库并定期外送第三方处理。

则根据企业提供资料，可得出该企业的固体物料堆存监测点位如下表所示。

监测点位	监测项目	监测频率	监测浓度/（mg/kg）	产生量
污泥	VOCs	3 次/d，连续 2 d	6.89	10 t/d
废催化剂（加氢保护剂）	VOCs	采集最近产生 1 次	0.41	5 t/季度

通过监测相关 VOCs 数值（顶空法），将监测数值代入式（7-1）进行计算，累加计算可得出该厂的固体物料堆存 VOCs 排放量为

$$Q_{固体物料排放}=P_{污泥}\times q_{污泥}+P_{废催化剂}\times q_{废催化剂}$$

$$=6.89\times 10\times 365+0.4\times 5\times 4$$

$$=25.157\ \text{kg/a}$$

8 挥发性有机物采样与监测分析

在进行企业挥发性有机物排放量核算时，核算方法首选实测法。实测法是最接近企业真实排放量的核算方法。而在实测法核算 VOCs 排放量的过程中，极其重要的环节是涉 VOCs 污染源的采样和监测分析。采集到真实的有代表性的样品，获得准确的监测分析数据，是准确核算 VOCs 排放量的基础。

本章介绍工业源 VOCs 的采样与监测，适用于实测法进行挥发性有机物排放量核算及工业企业污染源 VOCs 的监测。按照源项解析方法，可用实测法核算排放量的源项包括燃烧烟气、工艺过程 VOCs 有组织排放、循环冷却水、敞开液面和涉 VOCs 固体物料堆存等，以及建有废气处理设施的含 VOCs 产品的使用过程、挥发性有机液体储罐排放、挥发性有机液体装载排放等。各源项进行实测法核算的监测内容见表 8-1。

表 8-1　各源项采用实测法进行 VOCs 排放量核算的监测分析内容

序号	源项解析	监测分析内容
1	设备与管线组件泄漏	LDAR 检测
2	挥发性有机液体储罐排放	废气监测（建有废气处理设施）
3	挥发性有机液体装载排放	废气监测（建有废气处理设施）
4	涉 VOCs 固体物料堆存过程排放	固体物料监测、废气监测（建有废气处理设施）
5	事故排放	—
6	敞开液面 VOCs 逸散过程排放	废水监测、废气监测（建有废气处理设施）
7	工艺过程 VOCs 有组织排放	废气监测
8	循环冷却水系统排放	水质监测
9	非正常工况（含开停工及维修）排放	—
10	火炬排放	—
11	燃烧烟气排放	废气监测
12	工艺过程 VOCs 无组织排放	—
13	含 VOCs 产品的使用过程排放	废气监测（建有废气处理设施）
14	厂内道路及非道路移动源排放	—
15	采样过程排放	—
16	洗车过程排放	—

与常规污染物不同，VOCs 种类繁多、存在形式多样，这些物质大多易挥发、易吸附、易黏附，且易燃、易爆，这些特性给采样和分析带来很大困难，监测的各个环节都不能忽视 VOCs 的这些特点，需做好全过程质量控制工作。

本章主要介绍工业源 VOCs 监测中的点位布设、监测频次、样品采集、样品保存与运输、样品分析、监测记录和报告等内容，文中内容参照现行的采样和分析标准，并结合 VOCs 的特性及工业源的特点，将 VOCs 监测各个主要环节加以介绍，并着重提出解决 VOCs 易吸附和黏附的方法，指出采样和分析操作中的注意事项，避免 VOCs 在采样和分析中的损失，以确保采集样品的代表性和监测结果的准确度。

设备与管线组件泄漏检测的有关内容，在本书第 3 章中有详细介绍，本章不再赘述。

8.1 监测点位的布设

监测布点应优先选择排放浓度高、排放量大的排放口。在现场踏勘过程中对采样位置以及采样条件等进行实地确认，并详细了解各排放点所含污染物的种类、排放规律等，进而确定采样点位。

采样点位布设参照标准如下：

HJ/T 397 固定源废气监测技术规范；

GB/T 16157 固定污染源排气中颗粒物测定与气态污染物采样方法；

HJ/T 55 大气污染物无组织排放监测技术导则；

HJ 494 水质 采样技术指导；

HJ 20 工业固体废物采样制样技术规范。

8.1.1 有组织排放废气监测布点

按照源项解析方法，有组织废气排放的源项包括燃烧烟气、工艺过程 VOCs 有组织排放，以及建有废气处理设施的含 VOCs 产品的使用过程、有机液体储存与调和、有机液体装卸挥发和污水处理系统等。

燃烧烟气和工艺过程 VOCs 有组织排放，是正常工况下的有组织排放，有连续性排放和间歇性排放两种方式。对于无任何尾气治理设施的有组织废气，可在排气筒采样；对采用了催化燃烧、低温等离子体等 VOCs 治理设施的有组织废气，应分别在治理设施进口、出口处设采样点（见图 8-1）。

含 VOCs 产品的使用过程、有机液体储存与调和、有机液体装卸等源项，属于正常工况下的排放，通常为间歇性排放，设置废气收集处理设施后，将其转化为有组织排放；而污水处理厂的废气收集处理设施，同样将无组织排放转化为有组织排放。这些废气收集处理设施现场监测点位设在该设施的进口和出口（见图 8-1），监测数据包括进出口浓度和废气量。

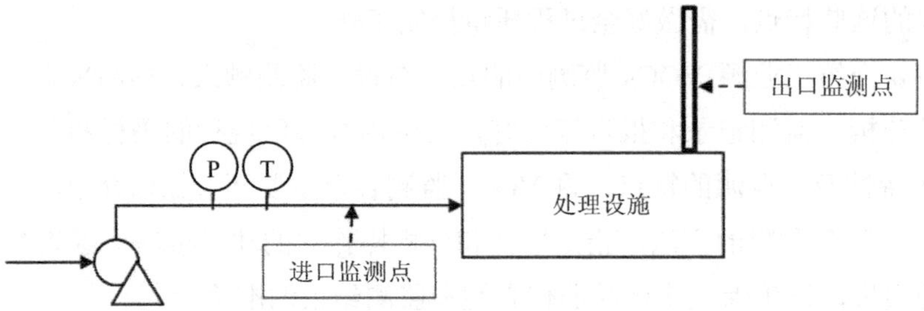

图 8-1 废气处理设施监测点布设原则

有组织废气采样点位应按照 HJ/T 397 和 GB/T 16157 标准选择，采样的同时应测定废气的流量。要求如下：

①采样位置应优先选择在垂直管段，应避开烟道弯头和断面急剧变化的部位。采样位置应设置在距弯头、阀门、变径管下游方向不小于 6 倍直径且距上述部件上游方向不小于 3 倍直径处。测试现场空间有限，很难满足上述要求时，可选择比较适宜的管段采样，但采样断面与弯头等的距离至少是烟道直径的 1.5 倍。如果仅进行 VOCs 样品的采集，采样位置可以不受上述限制，但应避开湍流区。

②必要时应设置采样平台，有上下平台的扶梯，平台面积应不小于 1.5 m^2，并设有 1.1 m 高的护栏和不低于 10 cm 的脚部挡板。

③采样孔的内径应在 80 mm 以上，以便能将采样管及流量测量探头插入；在实际检测时，如果没有现成的采样口，可以借助已有的法兰、阀门等，在不影响正常生产、确保安全的情况下，经现场操作人员协助将法兰等打开，进行采样。

④取样断面宜垂直气流方向，且采样管应插入采样断面中心或靠近中心处。

⑤如果采样现场在防爆区内，应采用防爆采样器；如需用电，应按照企业的安全管理要求，办理相关手续。

8.1.2 无组织排放废气监测点位

工艺过程 VOCs 无组织排放是指非密闭式工艺过程中的无组织、间歇式的排放，VOCs 排放量主要受物料性质、生产工艺、末端处理技术等因素影响。VOCs 排放量核算常采用物料平衡、公式、系数等方法。无组织排放监测，布点时应根据待测物性质、生产运行及现场实际情况，确定采样位置。

①按照 HJ/T 55 标准，设置参照点 1 个，监控点 3～4 个；

②参照点设置在无组织排放源的上风向，应注意避开其他污染源的影响；

③监控点设置在无组织排放源下风向，尽可能靠近排放源处（10 m 范围内），在平均风向轴线两侧，不低于 1.5 m 高度处，选取浓度最高点；

④如有防爆等安全要求，可参照以上原则选点，与生产设备的距离不受以上限制。

8.1.3 循环冷却水和敞开液面监测布点

循环冷却水中的 VOCs 通过冷却塔的闪蒸、汽提和风吹等作用释放到大气中，该源项通过冷却塔顶和收集设施排放时可视为有组织排放源，通过冷却塔和收集池等逸散的视为无组织排放源，这是一种正常工况下连续不稳定的排放。

①核算循环冷却水 VOCs 的排放量，通过回水和给水中 VOCs 量的降低进行核算。需分别采集循环冷却水场的回水（装置返回循环冷却水场的循环冷却水）和出水（循环冷却水场供给装置的循环冷却水）。

②循环冷却水回水应选在各装置的出水点位，这需要采集所有装置的循环冷却水，并能计量各装置循环冷却水的量，采样点位布设如图 8-2A 所示；如果不具备条件，采样点可以选在回水总管上，采样点位布设如图 8-2B 所示；接触物料的循环冷却水，进水常常先经过沉淀池、隔油池等再进入冷却塔，进水的采样点应选在进入沉淀池或隔油池等设施之前。

③循环冷却水出水的采样点，应选择在循环冷却水场给水总管上或给水泵处。

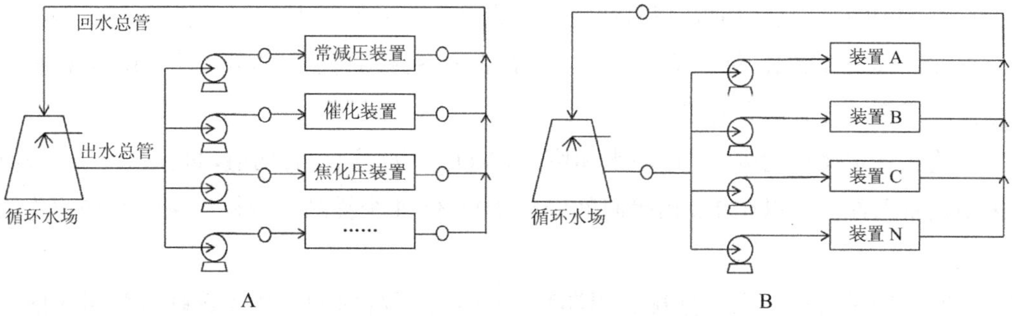

注：圆圈为取样点位。

图 8-2 循环冷却水采样点位布设

工业废水中含有的 VOCs 物质，在适当的环境和条件下，可能释放到大气中，这属于正常工况下的无组织排放。

①核算污水 VOCs 排放量，进行监测时，需分别采集污水处理厂的进水和出水，通过进水和出水中 VOCs 量的降低进行核算。

②来水包括采集企业各个生产装置排放口的工业废水，并能够计量各装置的排水量；如果不具备条件，在各装置废水是通过密闭管线送去污水处理厂时，则可采集各装置废水汇合处的废水，可以是污水处理厂的调节罐、调节池、预处理池等。

③工业废水出水的采样位置，如果没有生化或化学氧化等处理系统，应该选择在废水系统的末端，一般是外排废水；如果有生化或化学氧化等处理系统，出水采样位置应该选择在进入生化或化学氧化处理系统前。

8.1.4 固体物料堆存监测布点

固体物料主要是指企业生产的固体产品及中间产品、产生的固体及液体废弃物等，可通过企业的产品清单和固废移交或堆存清单等初步判定该企业可能含 VOCs 的固体物料，再通过实地勘查企业，确定需要进行监测的固体物料。

固体物料采样地点选择在企业固体物料堆放场所，可以在产生固体物料的装置现场或企业的集中堆放地点；基于挥发性有机物易挥发的特性，选择产生时间最近的固体物料点进行采样。

8.2 监测频次

设置合理的采样频率和时间段，对采集有代表性的 VOCs 样品至关重要。这需要我们在采样前认真梳理工艺流程，了解装置排污周期、排污特点等情况，进而掌握排污时间和周期，才能采集到真实的具有代表性的样品。

在核算 VOCs 排放量时，正常情况下，为确保样品的代表性，应采集小时平均样品，每个点位连续采样 2 d，每天采样 3 次。而各企业各源项排放情况不尽相同，应根据企业实际情况确定采样频次和时段。

①连续稳定排放的废气、循环水和废水，VOCs 应检测小时均值，即采集小时平均样；如果不具备条件，可以在 1 h 内等时间间隔采集 3～4 个样品，分析结果的平均值作为小时均值。

②对于间歇排放，应根据排放周期和时间确定采样时间，优先选择排放量大的排放时段。排放时间大于 1 h 的，应在排放时间段内恒流采样 60 min，或在 1 h 内等时间间隔采集 3～4 个样品；当排放时间不足 60 min 时，采样时间与间歇生产启停时间相同；应连续采集 2～4 个排放过程。

③对于储罐类、装卸类排放采样，应在其加注、输送、装卸操作时段内采样；在测试挥发性有机物处理效率时，应避免在装置或设备不稳定工况条件下采样。

④固体物料采样，按照确定的采样地点，持续产生且稳定排放的固体物料，应连续采样 2 d，每天采样 3 次；间歇产生的固体物料、长期堆放的固体物料，采集时间最近的样品即可。

⑤非正常工况或事故状态采样，按需要设置采样时间和频率，不受上述要求限制。

8.3　样品采集

样品采集是 VOCs 监测中至关重要的环节，应根据污染源排放 VOCs 的种类、浓度范围、现场采样条件、实验室采取的分析方法，以及实验室配置的仪器设备等选择采样方法。所选择的采样方法应能确保样品的代表性和完整性，并与检测目的保持一致，采样量能满足检测精度要求，足够供分析、复查或留样使用。

8.3.1　采样器具和配件

采样器具和配件应满足要求：采样器具不能是新的污染源、不应吸收或吸附某些待测组分、不应与待测组分发生反应、采样器具应易于清洗、容易密封以使待测物质在其中能稳定保存。挥发性有机物样品的采集和保存中，采样器具材质可能对样品中 VOCs 的吸附或黏附作用不可忽视，必须选择材质合适的采样工具和容器，如果可行，建议全流路使用不易吸附 VOCs 的聚四氟乙烯或等效材料。

8.3.1.1　采样容器

气体样品采集使用的采样袋应为聚四氟乙烯或等效材质；采样袋应配置样品进、出采样袋的结构，如果配置带阀的采样咀时，采样咀应是聚四氟乙烯材料，方便与采样器连接且能确保密封；气袋体积不低于 1 L。采集气体样品常用的橡胶球胆、双联球和锡箔气袋对 VOCs 均有吸附，不适用于采集 VOCs 样品。使用玻璃注射器采集气体样品，容积应不小于 100 mL，注射器的密封帽应是惰性材质。采集水质或固废样品可以使用玻璃瓶，应使用密封效果好的螺旋盖棕色玻璃瓶，螺旋盖的密封垫是聚四氟乙烯-硅胶材质；其他常用器具，与样品接触的部分，应是惰性材质。

8.3.1.2　采样管及配件

采样管线及其连接件应为不锈钢、石英玻璃、聚四氟乙烯等低吸附材料，能够与采样器配套，容易安装，不泄漏。

8.3.1.3　采样器

真空箱采样器应符合 HJ/T 732 标准要求，且真空箱与采样袋连接的接头应是惰性材料。防爆区内采样，应选择防爆型采样器，以确保防爆环境中采样的安全。如果采用传统的采样泵采样，因样品气通过采样泵后进入采样袋，采样时应多置换避免交叉污染；且采样结束后应用洁净空气充分清洗采样器内部管线。

8.3.2　采样前的准备

①废气采集使用的采样枪、过滤器、采样管、气袋、采样罐和注射器等可重复利用

的采样器具，在使用后应尽快充分净化，净化时先用空气吹扫 2～3 次，再用高纯氮气吹扫 2～3 次，经净化后的器具应保存在密封袋或箱内避免污染。

②采样袋、注射器等应洁净干燥，确保无破损和漏气，且无气体残留。每批新的或清洗后的容器，应随机抽取 10%进行空白实验，具体做法：容器中注入除烃零空气后密封，采用与样品分析相同的操作步骤测定 VOCs 浓度，空白值应低于方法检出限（或是在可接受范围内）。

③采集水样或固废使用的玻璃瓶应洁净干燥，每批新的或清洗干净的玻璃瓶应随机抽取 10%进行空白实验，具体做法：瓶中注入纯水，采用与样品分析相同的操作步骤测定 VOCs 浓度，空白值测定结果应低于方法检出限（或是在可接受范围内）。

④防爆区内采样应准备防爆采样器，以及防爆电源，否则应提前与企业协调好，按照企业规定确认和办理相关作业票，以确保采样过程安全。

⑤按照企业安全管理要求，提前准备好现场采样的安全防护用品，包括安全帽、护目镜、防静电工作服（鞋）、手套、可燃及有毒气体报警器等。

8.3.3 废气样品采集

目前气体采样常用的采样方法包括真空箱—气袋采样法、采样泵—气袋采样法、注射器采样法、真空瓶（苏玛罐）采样法、吸附管采样法等，可根据污染源排放 VOCs 的种类、浓度范围、现场采样条件、实验室采取的分析方法，以及实验室配置的仪器设备等选择采样方法。本章节介绍有组织排放废气样品的采集，无组织排放可参照有组织污染源进行采样。

废气样品采集执行的标准如下：

HJ 732　固定污染源废气　挥发性有机物的采样　气袋法；

HJ/T 397　固定源废气监测技术规范；

GB/T 16157　固定污染源排气中颗粒物测定与气态污染物采样方法。

8.3.3.1 真空箱—气袋采样法

此方法是专用于 VOCs 采样的标准方法，采样速度快，采集的是瞬时样品，难以实现长时间采样，不能采集小时平均样；测定小时均值需在 1 h 内等时间间隔采集 3～4 个样品送回实验室分析。此方法采集废气样品，真空箱、采样管线等为反复使用，应格外注意对采样管线及各部分接口的清洗置换，以免产生交叉污染。

真空箱—气袋采样系统如图 8-3 所示，操作执行《固定污染源废气　挥发性有机物的采样　气袋法》（HJ 732）。真空箱采样器有可充电的防爆产品，在防爆环境下能够保证采样安全，且无须在装置现场接临时用电；部分产品可实现采样和排气自动切换。

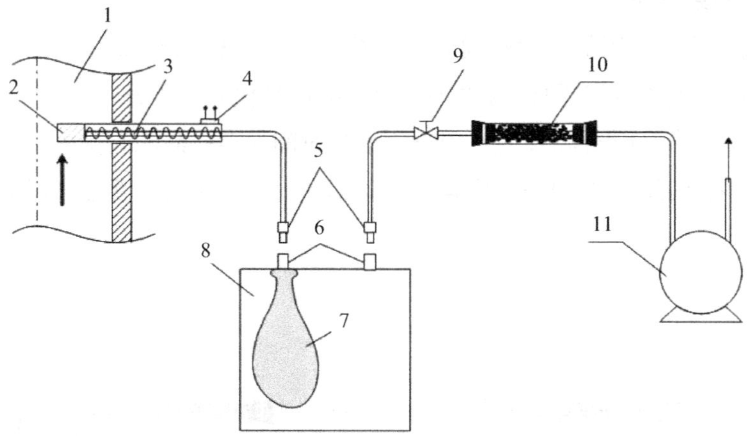

1—排气管道；2—玻璃棉过滤头；3—Teflon 连接管；4—加热套管；5—快速接头阳头；

6—快速接头阴头；7—气袋；8—真空箱；9—阀门

图 8-3　真空箱—气袋采样系统

8.3.3.2　采样泵—气袋采样法

使用采样泵—气袋采样法采集 VOCs 样品，可以调整采气流量，能够采集小时平均样，样品代表性更好，且能够大大减少样品分析工作量；但因样品气通过采样泵后进入采样袋，采样时应充分置换，避免交叉污染。

采样泵—气袋采样系统如图 8-4 所示，出气端可连接三通，来实现管路置换和采样间的变换，采样时可调整采样器流量，采样 60 min 或计划的时间。采样时采样管线和气袋应用样品气置换 3 次。

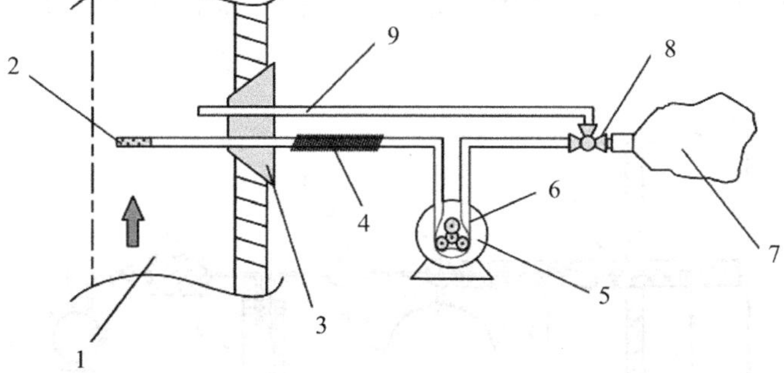

1—排气管道；2—PTFE 过滤头；3—管道密封塞；4—加热带；5—蠕动泵；

6—蠕动泵管（内衬 PTFE）；7—PTFE 采样气袋；8—PTFE 三通阀；9—PTFE 连接管

图 8-4　采样泵—气袋采样系统

8.3.3.3 注射器采样法

注射器采样法是常用的非甲烷总烃的采样方法，采样操作简单、速度快，采集的是瞬时样品，不能实现长时间采样，采样体积较小，样品代表性不好；测定小时均值需在 1 h 内等时间间隔采集 3～4 个样品，且注射器不能长时间保存样品，样品须在 8 h 内完成分析。

注射器采样系统如图 8-5 所示，具体操作执行《固定源废气监测技术规范》（HJ/T 397）。

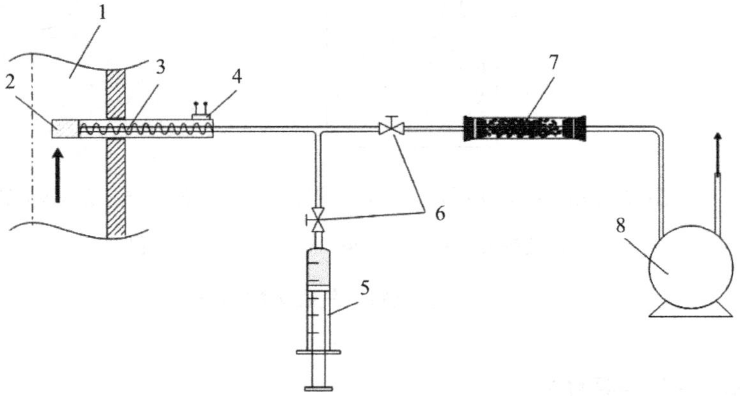

1—排气管道；2—玻璃棉过滤头；3—Teflon 连接管；4—加热套管；5—注射器；
6—阀门；7—活性炭过滤器；8—抽气泵

图 8-5 注射器采样系统

8.3.3.4 真空瓶（苏玛罐）采样法

真空瓶（苏玛罐）可以实现大体积采样，能确保样品代表性，但真空瓶清洗难度大，不适用于采集高浓度样品，适合采集环境空气和无组织排放等低浓度的样品。

真空瓶（苏玛罐）采样系统如图 8-6 所示，操作执行《固定源废气监测技术规范》（HJ/T 397）。

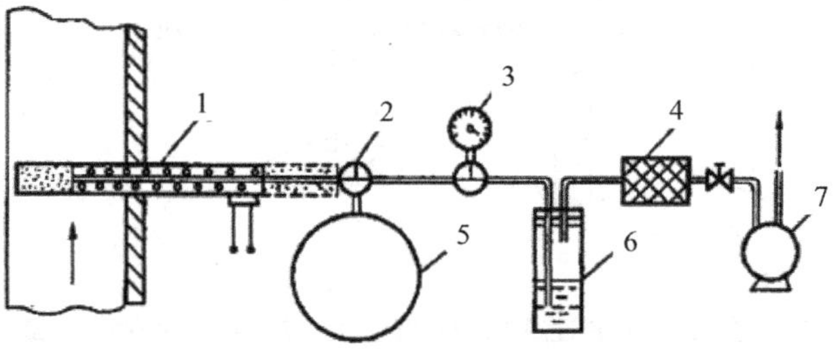

1—加热采样管；2—三通阀；3—真空压力表；4—过滤器；5—真空瓶；6—洗涤瓶；7—抽气泵

图 8-6 真空瓶（苏玛罐）采样系统

8.3.3.5 吸附管采样法

进行 VOCs 真实物质分析时，常使用吸附管现场采样法，此方法不需要回实验室再进行样品转移，但需要对废气中 VOCs 的大致浓度进行比较准确的预估，以控制好采样流量和采样时间，避免吸附管被穿透；此方法采集废气样品，采样管线等为重复使用，应格外注意对采样管线及各部分接口的清洗置换，以免产生交叉污染。

一般可使用 tenax 填料的吸附管，其不受废气中含有的少量水汽的影响，而其他填料的吸附管，采集有水汽的废气会很快失效。如果烟道内水汽含量较高，可以在采样枪后增加一个脱水装置，如冰水浴小型撞击式水分收集器，然后再连接采样容器，脱水装置中的冷凝水应与样品气同步分析，冷凝水中的有机物含量可作为修正值计入样品中，以减少水汽对测定值干扰所产生的误差。

吸附管采样系统如图 8-7 所示，操作执行《固定污染源排气中颗粒物测定与气态污染物采样方法》（GB/T 16157）。

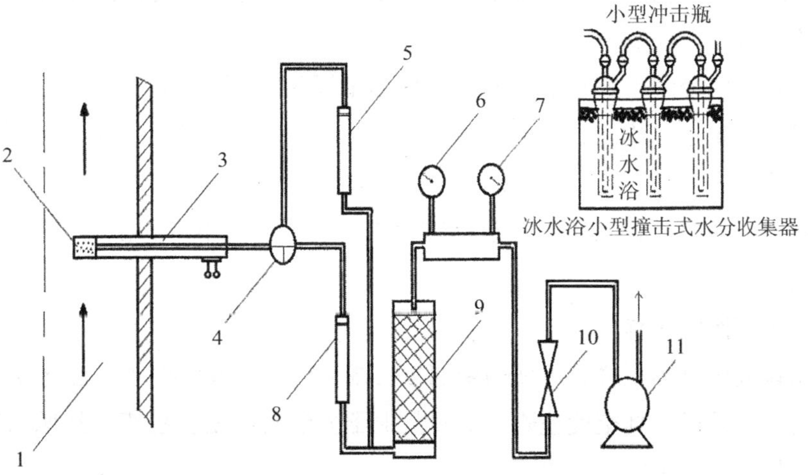

1—排气管道；2—玻璃棉过滤头；3—采样枪；4—三通阀；5—旁路吸附管；6—温度计；7—压力表；8—吸附管；9—干燥器；10—恒流控制器；11—抽气泵

图 8-7 吸附管采样系统

8.3.3.6 采样中的注意事项

①采样时将采样管插入排气筒的中心或接近中心的位置，进气口与排气流动方向呈直角。

②对于负压采样，采样口密封尤其重要，由于采样口的孔径不同，难以使用同一密封件实现密封，实际中可以加工部分规格不同的耐高温的橡胶塞，并提前按照采样管的尺寸开孔，采样现场根据采样口的尺寸选择合适的密封塞进行密封。如果使用传统的用

湿抹布堵的密封方式，则应确保密封效果。

③对于气袋采样，采集样气量应不大于气袋容量的 80%，避免温度变化引起气体膨胀导致气袋破损；并注意将采样标签黏牢，氟聚合物材质摩擦力极小，标签易脱落。

④废气中颗粒物含量高，采样枪前端可安装颗粒物过滤器（聚四氟乙烯材质或其他低吸附材料）。

⑤充分置换采样管内的空气，避免交叉污染；采样时气袋应用样品气置换 3 次，使样品气体老化气袋内表面，降低气袋内表面吸附导致的样品损失干扰。

⑥如果烟气温度高，应先将采样管加热到 120℃（有防爆安全要求的除外），防止 VOCs 在采样管中凝结。

8.3.3.7 烟气流量测量

①进行烟气流量测量时，采样位置应选择在直管段，应设置在距弯头、阀门、变径管下游方向不小于 6 倍直径且距上述部件上游方向不小于 3 倍直径处。如果现场难以找到符合要求的采样位置，采样断面与弯头等的距离至少是排气筒直径的 1.5 倍，且应适当增加测点的数量。

②采样孔的内径应不小于 80 mm，以使测量探头能够插入。

③流量应测定小时均值，同步测定氧含量、水含量等相关参数，并换算为标准状态下的干烟气流量。

④采样时应核查并记录工况，包括装置进料量或燃料用量、生产负荷、排气筒高度和横截面积、排烟温度等。

8.3.3.8 无组织废气采样

无组织排放废气的采样，可使用聚四氟乙烯采样袋，或内壁经惰性化处理的采样罐，采样罐的清洗和采样、真空度检查、流量控制器安装与气密性检查应按照 HJ 759 中的规定执行，其他参照有组织废气采样。

8.3.4 废水样品采集

水质样品主要包括循环水和废水，VOCs 核算要求采集小时平均水样，如果采集瞬时样品，则可以在 1 h 内等时间间隔采集 3～4 个样品，分析结果的平均值作为小时均值。水质样品采集执行《水质　采样技术指导》（HJ 494）标准。

若能实现带压采样，采样位置可设置在压力表连接处，通过快速接头将采样管与输水管线相连接；否则应尽量将采样管插入密闭管道内进行采样，防止 VOCs 的闪蒸逸散；沟渠或水池中采样，采样位置应在采样断面的中心，在水深大于 1 m 时，应在表层下 1/4 深度处采样，水深小于或等于 1 m 时，在水深的 1/2 处采样。

采样中的注意事项：

①VOCs 样品应单独采样，不与其他分析项目共用采样容器。

②采样时应注意不能搅动样品以避免样品中 VOCs 逸散，采样结束，迅速密封采样容器，贴好标签。

③使用玻璃瓶采样，宜采取溢流方式，尽量避免或减少样品在空气中暴露，且采样瓶应注满，不留液上空间。

④采样容器应洁净、干燥，空白实验值应小于方法检出限。采样时，采样瓶不宜用样品冲洗，以免冲洗时 VOCs 吸附或附着在采样瓶壁上。

⑤使用蠕动泵采样时，将蠕动泵的采样管接入密闭管道或插入沟渠中采样深度处，启动蠕动泵采样器，抽取水样 2 min 左右，充分润洗采样管线，抽出的水可直接返回水体中。

⑥若水样中含有余氯，应加入适量抗坏血酸，还原水样中的余氯，以避免 VOCs 被氧化。

8.3.5 固体物料采样

固体物料采样执行《工业固体废物采样制样技术规范》（HJ 20）。由于 VOCs 易挥发的特性，固体物料选择产生时间最近的固废样品采集。可按照对角线形、棋盘形、蛇形等确定采样点（采样位置）；采样点位数取决于样品均匀程度和采样准确度要求，物料越不均匀，采样点越多；采样准确度要求越高，采样点越多。

8.3.5.1 堆存固体物料采样

①堆存或运输中的固体物料，可使用对角线法确定 5 个采样点位，具体做法：在固体物料堆画两条对角线，两条对角线相交点，即固体物料堆的中心处设一个采样点，中心与每条对角线边界的中点设 4 个采样点；若是流动固体物料，则采用随机采样法进行样品获取。

②由于 VOCs 易挥发的特性，为了采集样品的代表性，采样深度以固体物料堆的 1/2 深度处为宜，如果现场难以实现，则至少在 1 m 以下深度处。

③采样时，用尖头不锈钢铲子将采样点处的固体物料挖至采样深度，迅速用聚四氟乙烯小铲或药勺将样品采集到采样瓶，应尽量填满，注意样品采集时勿搅动样品，以免 VOCs 挥发损失，除去采样瓶外部附着的样品，密封采样袋，贴好采样标签。

④所有样品应采集 3 份平行样。

8.3.5.2 大池中液态固废采样

①大池中液态固废，使用对角线法确定 5 个采样点位；如果按照此法确定的采样位置现场无法采样，则在对角线的四个边界处设 4 个采样点；

②采样深度以1/2深度处为宜，如果现场难以实现，则至少在1 m深度处；

③采样时，将洁净干燥的玻璃管或聚四氟乙烯采样管插入采样点的相应深度处，待采样管内液体注入一定量后，堵住采样管上部端口，将采样管提出液面，迅速将样品采集到样品瓶中，注意样品采集时勿搅动样品，以免VOCs挥发损失，擦干样品瓶外部附着的样品，密封好，贴好采样标签。

8.3.5.3 容器内固体物料采样

容器内固体物料采样，可按上部（表面以下相当于总体积的1/6深度处）、中部（表面以下相当于总体积的1/2深度处）和下部（表面以下相当于总体积的5/6深度处）设3个采样点，若不能实现，则采用随机采样方法获取样品。

8.3.6 采样的质量控制

在检测分析工作中，采样是质量控制中相对薄弱的环节，而VOCs物质的特殊性，要求我们必须足够重视采样过程中的质量控制。采样的操作，应严格按照相关标准和分析仪器的操作规程进行，且不能忽视VOCs的特性。

8.3.6.1 样品置换

采集气体样品时需确保采样系统的气密性，在进入采样容器或吸附管之前，应把最先抽出的气体放掉一部分，以置换采样管路内的空气，并降低采样设施的吸附；采样容器应用样品气置换3次，使样品气体老化气袋或注射器的内表面，降低内表面吸附导致的样品损失干扰。

8.3.6.2 采样容器和工具

采样容器必须洁净干燥，气袋应无气体残留。并做到接触样品的全流路使用不易吸附VOCs的惰性材料，以聚四氟乙烯材质最优。

8.3.6.3 采样器流量校准

采用吸附管进行样品浓缩时，采样器流量应在采样前进行校准，并在采样后进行流量核查，流量变化应不大于5%，否则应进行修正，或重新采样。

8.3.6.4 采样时勿搅动

水质或固体样品采集时勿搅动样品，勿曝气，样品瓶采样宜使水样在瓶中溢流，且样品尽量采满而不留液上空间。

8.3.6.5 样品的时效性

VOCs样品应避光密闭保存，在标准规定的时间内完成分析。

8.3.7 采样的安全防护

VOCs采样工作，常常需要登高作业，且大多在防爆区，或在输送及储存易燃易爆物料的管线及储罐附近操作，为确保采样人员和企业的安全，必须强化风险意识，做好采样中的安全防护工作。

①进入企业现场采样，应按照企业安全管理要求，佩戴好现场采样的安全防护用品，包括正确佩戴安全帽、穿戴防静电工作服和鞋底及鞋帮都有防护钢板的劳保鞋等。

②每个采样小组由 2 人组成，必须在企业操作人员陪同下进入采样现场，所有的采样操作，必须在企业操作人员的协助下完成。

③高空采样应识别风险，采取必要的防范措施，包括：高空采样应有采样平台，平台面积足够采样操作，且带护栏；采样时不能随意将采样口卸下的螺栓等放置在高处的监测平台上，以防止高空坠物；大风、下雨、打雷、大雾等恶劣天气，应停止高空采样监测等。

④应注意预防中毒，现场监测时，采样人员应站在采样口的上风向，尽量选择负压的管道进行取样；每个采样小组应佩戴一台便携式有毒气体报警仪，仪器报警则迅速撤离；采集有毒有害的样品时，必要时必须佩戴防毒面具。

⑤防爆区内采样，应使用防爆设备和材料，并不能在采样现场使用手机；进入防爆区时应用手抚摸接地的金属材料，以释放身体静电。

⑥注意防烫伤，工业废气或废水排放温度较高时，采样人员须戴上耐高温手套；设备从高温烟道中取出后，冷却一段时间后再进行接触。

⑦采集废水样品时，各种水处理构（建）筑物上取样时应小心稳妥操作，注意防止滑跌摔伤，并预防溺水事故发生。

8.4　样品的运输和保存

样品在运输和保存过程中，需要对样品采取必要的措施，以保证样品的完整性，以及性状不发生改变，同时，应尽量缩短样品的运输和存放时间，以保证检测结果能代表样品的真实状况。

采集废气样品的气袋应密闭、避光保存和运输，样品送入实验室应尽快分析，注射器内的样品，应在 8 h 内完成分析，聚四氟乙烯气袋内的样品保存期限一般不超过 48 h。

废水、固废和采集样品的吸附管应避光、密闭、低温（4℃下）保存，可放置在便携式冷藏箱中运输。如果用采样袋采集水质样品，应注意不要与带棱角的物体相碰，以免采样袋破损或出现划痕而漏水或渗水。样品送入实验室应尽快分析，固体样品保存期一般不超过 14 d，废水和吸附管保存期一般不超过 7 d。

8.5 样品分析

VOCs 的分析有前处理复杂、定性及全组分定量难度大等特点。根据 VOCs 样品的状态，前处理有热脱附/热解吸法、吸附管采样-溶剂解吸法、吹扫捕集法、顶空进样法等多种形式，样品前处理及进样复杂，对分析结果影响较大。

8.5.1 分析方法的选择

VOCs 分析目前主要的分析方法包括气相色谱-质谱法、气相色谱法等。在表征 VOCs 总体排放情况时，根据行业特征和环境管理要求，可采用总挥发性有机物（TVOC）、非甲烷总烃（NMHC）作为污染控制项目。

TVOC 是所有预期挥发性有机物的总和，对单项 VOCs 物质进行测量，加和得到 VOCs 物质的总量，以单项 VOCs 物质的质量浓度之和计。在实际工作中，应按预期分析结果，对占总量 90%以上的单项 VOCs 物质进行分析，加和得出 TVOC。可以采用一种分析方法，或多种特定分析方法测定。

非甲烷总烃是指在标准规定的测定条件下，在气相色谱仪氢火焰离子化检测器上有响应的扣除甲烷以后的气态有机化合物的总和。在实际应用中，常常采用非甲烷总烃来表征气体中 VOCs。

应根据 VOCs 各源项采取的核算方法、实际排放 VOCs 的种类及大致浓度范围、现场采样条件，以及实验室分析能力等确定检测项目，选择分析方法。分析方法应选择环境质量标准或污染物排放标准中给定的国家标准或地方标准。同一个源项、同一个排气筒的进口和出口，应该使用相同的分析方法进行分析。

8.5.2 样品前处理及进样

根据 VOCs 的样品状态，对样品的前处理和进样方法的选择会有所不同。气体样品常用吸附管采样-热脱附、罐采样-冷阱浓缩/热解吸、吸附管采样-溶剂解吸、气相直接进样等；而水质和固废常用吹扫捕集、顶空进样法、液液萃取或液固萃取法等，本章节介绍常用的样品前处理及进样方法。

气体、水质和固废中 VOCs 真实物质的分析，过程大同小异，均使用气相色谱-质谱法进行定性定量，或使用气相色谱法进行定量分析。分析过程的主要区别在于对不同 VOCs 的样品采用的前处理方法和进样方式不同。

8.5.2.1 热脱附/热解吸法

热脱附/热解吸法是进行气体样品浓缩再解吸的进样系统（见图 8-8），在热脱附系统中将吸附管加热进行脱附（或将苏玛罐连接到热脱附仪），在一定温度下，VOCs 组分被惰性气流带到捕集冷阱中被捕集，待捕集完成后，冷阱被快速加热，VOCs 被二次脱附，同时用载气吹扫，将二次脱附的 VOCs 带入气相色谱仪进行分离。

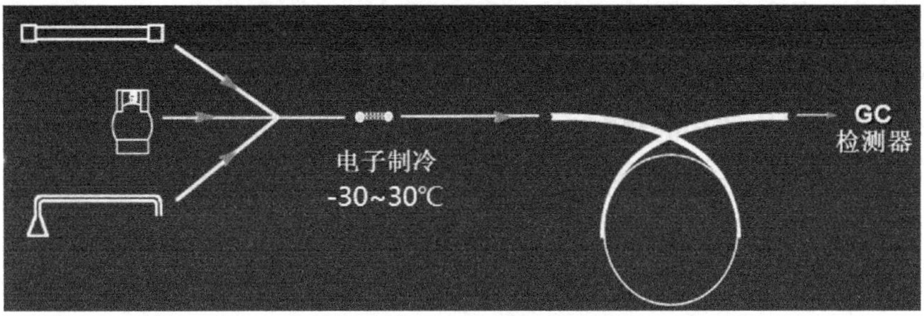

图 8-8　热脱附/热解吸流路

（1）在用分析标准

HJ 734　固定污染源废气　挥发性有机物的测定　固相吸附-热脱附/气相色谱-质谱法；

HJ 644　环境空气　挥发性有机物的测定　吸附管采样-热脱附/气相色谱-质谱法；

HJ 759　环境空气　挥发性有机物的测定　罐采样/气相色谱-质谱法。

（2）热脱附/热解吸进样系统一般应满足的要求

①能够进行样品前处理，具备自动进样功能；

②具有二级脱附功能，最高解吸温度 300℃以上；

③管路使用硅烷化不锈钢，并能均匀加热；

④具有液体进样制定标准系列功能；

⑤配备吸附管老化装置，温度最高 400℃，流量可调。

（3）分析中的注意事项

分析过程参照相关标准和仪器操作规程，样品制备和进样过程中应注意：

①穿透试验：吸附管现场采样或气袋—吸附管采样，每批样品应至少进行一组穿透实验。操作方法：串联两支吸附管采样，后边一支吸附管的分析结果不超过前、后两支总和的 10%，否则认为已经穿透，一批样品作废。

②吸附管老化及其空白实验：吸附管应与仪器配套，一般可以重复使用，重复使用的次数参照厂家技术指标。重复使用的吸附管及密封帽每次使用后应进行老化，老化后两端应立即用密封帽密封，放在气密性的密封袋或密封盒中，低温保存；每批老化后的吸附管应随机抽取一支进行空白实验，空白值应低于方法检出限。

8.5.2.2　吸附管采样-溶剂解吸法

目前此样品浓缩方法常用于特定类型的 VOCs 物质分析，如苯系物和卤代烃等的分析，一般使用活性炭作为吸附管内的填料。空气或废气中的 VOCs 经活性炭吸附富集后，使用溶剂解吸（常使用二硫化碳），用气相色谱进行分析，以保留时间定性，外标法定量。

根据待测物质的特性，气相色谱仪可以配置不同的检测器，苯系物一般配置 FID-氢火焰离子化检测器，而卤代烃常配置 ECD-电子捕获检测器。

吸附管采样-溶剂解吸法分析的在用标准：

HJ 584　苯系物的测定　活性炭吸附/二硫化碳解吸-气相色谱法；

HJ 645　挥发性卤代烃的测定　活性炭吸附-二硫化碳解吸-气相色谱法。

分析操作参照相关标准和仪器的操作规程，分析过程应注意：

①二硫化碳应使用色谱纯或优级纯，色谱鉴定无杂峰；

②解吸时应分别将活性炭从采样管 A 段和 B 段取出（见图 8-9），分别放入 2 mL 色谱进样瓶中，各加入 1 mL 二硫化碳密闭，轻轻振动混合均匀，在室温下解吸 1 h 后，待测；

③活性炭采样管的吸附效率应在 80%以上，即 B 段活性炭收集的组分应小于 A 段的 25%。

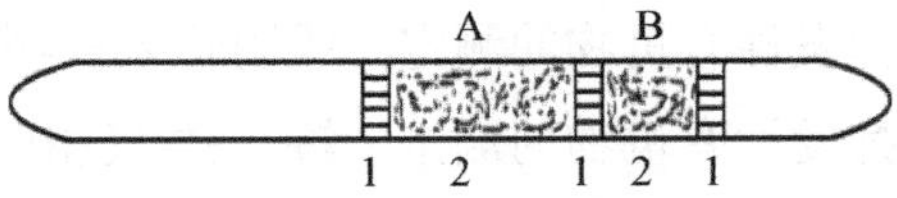

1—玻璃棉；2—活性炭；A—100 mg 活性炭；B—50 mg 活性炭

图 8-9　活性炭吸附管

8.5.2.3　吹扫捕集法

吹扫捕集和热脱附原理类似，都是样品预浓缩进样系统（见图 8-10），使用氮气、氦气或其他惰性气体以一定的流量通过待测液体或固体进行吹扫，吹出所要分析的痕量挥发性组分后，被冷阱中的吸附剂吸附，然后加热脱附进入气相色谱系统进行分析。吹扫捕集与热脱附不同的只是吹扫的介质和温度不同，冷阱捕集与再解吸部分是大同小异的。

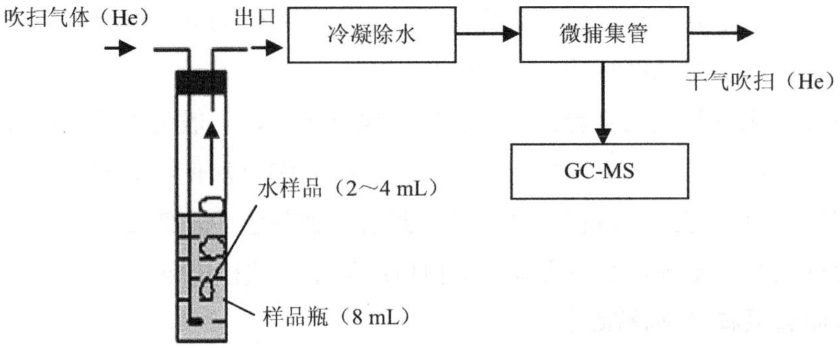

图 8-10　吹扫捕集原理

吹扫捕集对样品的前处理无须使用有机溶剂，不会对环境造成二次污染；而且具有取样量少、富集效率高、受基体干扰小及容易实现在线检测等优点。在整个过程中，液相顶部的任何组分的分压为零，可以使更多的挥发性组分逸出，可以测得更低痕量的组分。

（1）目前在用的标准

HJ 686　水质　挥发性有机物的测定　吹扫捕集/气相色谱法；

HJ 639　水质　挥发性有机物的测定　吹扫捕集/气相色谱-质谱法；

HJ 713　固体废物　挥发性卤代烃的测定　吹扫捕集/气相色谱-质谱法；

HJ 605　土壤和沉积物　挥发性有机物的测定　吹扫捕集/气相色谱-质谱法。

（2）吹扫捕集进样器应具备的功能

①吹扫捕集应能有效去除捕集阱 98%以上的水气，且待测组分不受影响；

②样品流路进行惰性化处理，最大限度降低样品的损失；

③仪器具有自动反吹功能，加压自动检漏功能；

④捕集阱能迅速将温度加热到 300℃以上；

⑤具有质量流量控制功能，在吹扫、干吹和烘焙模式下可以稳定控制流量；

⑥具备自动稀释功能和自动清洗功能。

（3）分析中的注意事项

样品分析按照相关标准和仪器操作规程操作，样品制备和进样过程中应注意：

①吹扫捕集法易形成泡沫，使仪器超载，并伴随有水蒸气的吹出，不利于下一步的吸附，可选择有相应处理措施的仪器。

②解吸温度是吹扫捕集气相色谱分析的关键，影响整个分析方法的准确性和重复性，较高的解吸温度能够更好地将挥发物送入气相色谱柱，得到窄的色谱峰。一般都选择较高的解吸温度，对于水中有机物，解吸温度通常采用 200℃。在解吸温度确定后，解吸时间越短越好，能得到好的对称的色谱峰。

8.5.2.4　顶空进样法

顶空进样法是一种方便快捷的样品前处理方法（见图 8-11），将待测样品置入一密闭的容器中，通过加热升温使挥发性组分从样品基体中挥发出来，在气液（或气固）两相中达到平衡，直接抽取顶部气体进行质谱或色谱分析，从而检验样品中挥发性组分的成分和含量。该法选择性高、灵敏度高、基体干扰小、不需要样品前处理。

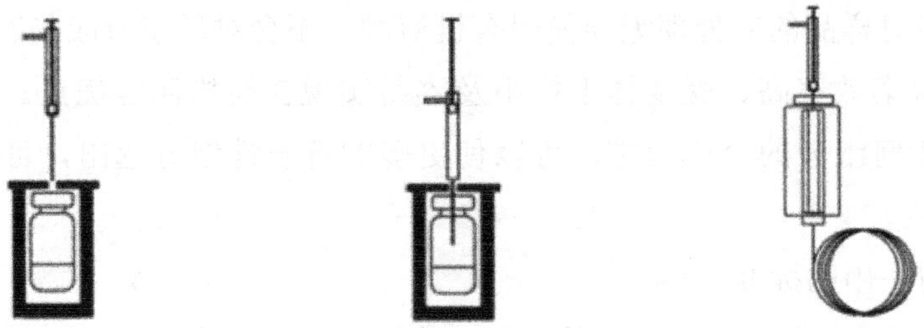

图 8-11　顶空进样原理

（1）目前在用的标准

HJ 810　水质　挥发性有机物的测定　顶空/气相色谱-质谱法；

GB 11890　水质　苯系物的测定　气相色谱法；

HJ 895　水质　甲醇和丙酮的测定　顶空/气相色谱法；

HJ 643　固体废物　挥发性有机物的测定　顶空/气相色谱-质谱法；

HJ 642　土壤和沉积物　挥发性有机物的测定　顶空/气相色谱-质谱法；

HJ 760　固体废物　挥发性有机物的测定　顶空-气相色谱法；

HJ 714　固体废物　挥发性卤代烃的测定　顶空/气相色谱-质谱法；

HJ 736　土壤和沉积物　挥发性卤代烃的测定　顶空/气相色谱-质谱法；

HJ 741　土壤和沉积物　挥发性有机物的测定　顶空/气相色谱法；

HJ 742　土壤和沉积物　挥发性芳香烃的测定　顶空/气相色谱法；

HJ 874　固体废物　丙烯醛、丙烯腈和乙腈的测定　顶空/气相色谱法；

HJ 975　固体废物　苯系物的测定　顶空-气相色谱法；

HJ 976　固体废物　苯系物的测定　顶空/气相色谱-质谱法。

（2）仪器的功能

目前顶空分析方法有手工方式、气密针进样、静态顶空、动态顶空等进样方式，顶空自动进样器（静态）一般应具备如下功能：

①样品瓶体积和进样针可根据需要选择和设定；

②温度控制精度在±0.1℃，平衡温度和时间可根据需要设定；

③样品区、进样阀系统和样品传输管，三路均单独加热控温；

④管路全惰性化处理，确保系统的灵敏度和防止交叉污染；

⑤通过时间编程，自动实现取样、进样、分析和分析后的反吹清洗等功能。

（3）分析中的注意事项

样品分析过程中按照相关标准和仪器操作规程，应注意事项如下：

①顶空进样法的本质是建立一种物理化学平衡系统，是在体积和温度一定的情况下达到气-液或气-固平衡，分析中应确保分析容器的体积和水样（固体样品加入改进剂）的体积、平衡温度、平衡时间的恒定。

②顶空气体中各组分的含量不仅与其本身的挥发性有关，还与基质有关，特别是那些在样品基质中溶解度大（分配系数大）的组分，基质效应更为显著，因此标准品必须与样品相同或者相似的基质，否则定量分析误差较大。

③顶空进样法进行水质或固废样品分析时，水质常常加入氯化钠，固废则加入基体改进剂——酸性氯化钠溶液，在减少基质效应的同时，降低 VOCs 在水中的溶解度，提高仪器的响应值。

8.5.3 VOCs 样品分析

目前 VOCs 样品分析主要的分析方法包括气相色谱-质谱法、气相色谱法等。使用气质联用仪进行定性，对分析人员要求较高，需结合企业的具体情况和仪器的谱图来确定可能存在的 VOCs 物质，再进一步用标准物质进行确认；定量分析时，分析标准中给定的标准物质只有 60 种左右，标准中不包含的 VOCs 物质，其标准物质难以获得，全组分定量分析难度较大。

气相色谱法一般配置分流/不分流进样口，甲基聚硅氧烷毛细管色谱柱或等效色谱柱，FID 检测器或电子捕获检测器（卤代烃）。检测时，样品及其被测组分被汽化后，由载气带入色谱柱中，由于被测组分在色谱柱中的气相和固定相间的吸附、脱附或其他亲和作用有差别，在柱内形成各组分迁移速度的差别，从而组分相互分离，再经过检测器检出，得到色谱图。根据各组分的保留时间和响应值进行定性、定量分析。

采用气相色谱-质谱法进行 VOCs 分析，色谱柱一般采用甲基聚硅氧烷毛细柱或等效色谱柱，质谱配置 EI 离子源，单级四极杆质谱检测器。质谱的检测原理：在高真空条件下，用具有一定能量的电子冲击气态分子，使分子电离和裂解而产生许多不同的带正电荷的离子碎片，这些正离子在电场和磁场的综合作用下，符合条件的离子飞过分析器，按照其质荷比（m/z）的大小依次排列成质谱。由于每种分子受一定能量电子冲击所产生的离子碎片是相同的，根据各种物质的特征离子碎片形成的谱图库，利用样品离子碎片图与谱图库进行匹配定性，用内标法或外标法进行定量。

气相色谱-质谱法、气相色谱法进行 VOCs 分析，色谱及质谱的仪器配置、分析参数设置及样品分析操作按照相关标准和仪器操作规程进行，分析中的注意事项如下：

①标准物质。

应正确使用标准物质，以保证测定结果的溯源性。挥发性有机物的分析，如果可行，应能溯源到有证标准物质，并按照浓度由低到高的顺序进行分析；如果待测样品所含的

VOCs 物质不包含在相关标准测定组分范围内，也无法购买到有证标准物质，可以使用分析纯物质，定量分析时将待测物质的纯度代入进行计算。

标准物质一般用甲醇作为溶剂进行配制和稀释。用普通的冷藏方式保存，标准物质准确度难以保证，最好在-10℃以下避光保存，使用前恢复到室温、混匀。

②标准偏离。

为了获得更佳的分析结果，可以根据分析仪器的不同，以及分析样品的性质，在确保分析质量的前提下，对标准有所偏离。即标准系列可以采用不同的溶剂和稀释比，可以选择不同的色谱柱，可以选择不同的色谱分析条件，可以不局限于标准列出的 VOCs 物质。

③定性分析。

在不确定废气、水质或固废中所含污染物成分时，样品分析前应先进行定性。定性实验在 SCAN 模式下进行全扫描，根据扫描谱图，仪器会从谱图库中进行匹配，给出相似度高的物质，分析人员应根据谱图相似度和工艺特性，确定所含有的 VOCs 污染物，必要时需要用标准物进行确认。应分析定性实验确定的所有 VOCs 组分，进行定量分析后，加和获得 VOCs 值，不应该只分析标准中给定的 VOCs 组分。

④空白实验。

影响空白值的因素较多，为了解这些因素对试样测定的综合影响，在每次进行样品分析的同时，均应同时做空白实验。空白实验能够反映样品中被测物质外的各种因素的分析响应信号值，从测定结果中扣除空白值，作为必要的校正。如果空白值有明显变化，则应查找原因，必要时更换进样垫、老化色谱柱、清洗检测器等。

⑤内标法。

气相色谱-质谱法一般使用内标法进行定量分析，样品中内标物的保留时间与当天连续校准或者最近绘制的校准曲线中内标保留时间偏差应不超过 20 s，定量离子峰面积变化应在 50%～200%，如果超出了这个范围，应查找原因重新分析，必要时更换内标物，重新采样。

⑥柱箱温度：分析时，柱箱初始温度设置一般不要低于 35℃，如果再低，色谱仪降温时间会很长，加长了分析时间。

8.5.4 非甲烷总烃的分析

与 VOCs 分析的其他方法相比，非甲烷总烃分析有样品处理简单、分析速度快、标准物质易于获得等优点，因此常被用来表征废气中的 VOCs。

用非甲烷总烃来表征 VOCs，分析操作执行标准《固定污染源废气　总烃、甲烷和非甲烷总烃的测定　气相色谱法》（HJ 38），分析使用双通道双氢火焰离子化检测器的气相色谱仪，将气体样品直接注入气相色谱仪，分别在总烃柱和甲烷柱上测定总烃和甲烷的含量，两者之差即为非甲烷总烃的含量。同时以除烃空气代替样品，测定氧在总烃柱上的响应值，以扣除样品中的氧对总烃测定的干扰。

在选择总烃色谱柱时，选择对各类烃类物质不进行分离的色谱柱，相对来说毛细管柱对烃类不分离的效果好，且填充柱分析烃类混合物易出现拖尾峰。气相色谱仪的配置、分析参数的设置及样品分析操作按照标准和仪器操作规程进行，分析中的注意事项如下：

①FID 检测器温度宜设置在 200℃，如果分析时总烃峰后面出现烃类的色谱峰，如图 8-12 所示，这些色谱峰应纳入总烃进行积分。

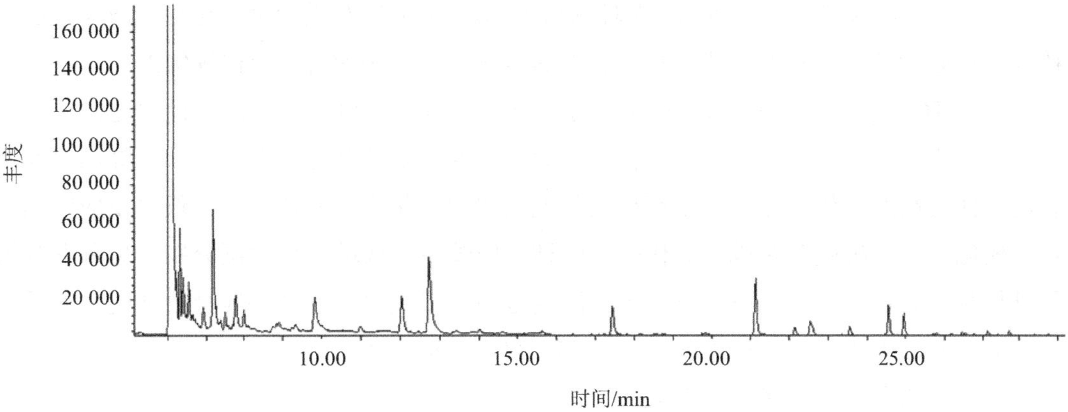

图 8-12　某样品色谱峰

②有实验数据表明，在相同条件下，甲烷和丙烷在总烃的 FID 检测器的响应值无明显差异（以碳计），但使用甲烷和丙烷的混合气分析时间远多于甲烷分析的 2 min，大大降低了分析效率。HJ 38 中规定以氮气中甲烷作为标准气，不再使用甲烷和丙烷的混合气作为标准气。实验室可以根据需要分别建立高、低浓度的校准曲线以适用不同浓度范围样品的测定。

③色谱进样的管线以及采样袋与色谱仪相连的管线等，应选择经过惰性化处理的无吸附的材质。色谱内部管线可以进行硅烷化处理，连接管线可使用聚四氟乙烯管或内衬聚四氟乙烯的硅胶管。

④超出测定范围的样品可以稀释，但应确保稀释后样品的均匀性。

气体样品稀释的方法：在 100 mL 注射器或聚四氟乙烯气袋内提前放入几片聚四氟乙烯小片，用高纯氮气或除烃空气清洗 3 次，然后抽取所需体积的除烃空气，用 10 mL 注射器准确吸取所需体积的样品注入 100 mL 注射器或气袋内，摇匀。注意空白实验应用稀释气体进行。

⑤分析高浓度样品后，为消除高浓度样品对后续样品测定的影响，应进行除烃空气

的分析，待其空白值恢复到正常值后再进行分析；每天全部样品分析完毕，应进行空白值的测定，以确定系统内没有残留；如果空白值难以恢复到正常值，或持续进行高浓度样品分析后，应对色谱柱进行老化；并注意对被污染的定量环进行处理，必要时清洗或更换定量环。

⑥除烃空气中总烃含量（含氧峰）应≤0.40 mg/m^3（以甲烷计），应配套安装除烃装置，通过催化燃烧去除空气中的烃类杂质。

8.5.5 水质 TOC 分析

在进行 VOCs 排放量核查时，循环水可使用进出口 TOC 的差值来进行 VOCs 排放量核算。TOC 分析具有样品处理简单、分析速度快、标准物质易于获得等优点。

水质 TOC 分析执行 HJ 501 标准，用燃烧氧化-非分散红外吸收法进行测定。

分析原理：将试样连同净化气体分别导入高温燃烧管和低温反应管中，经高温燃烧管的试样被高温催化氧化，其中有机碳和无机碳均转化为二氧化碳，经低温反应管的试样被酸化后，无机碳分解成二氧化碳，两种反应管中生成的二氧化碳分别被导入非分散红外检测器。在特定波长下，一定质量浓度范围内二氧化碳的红外线吸收强度与其质量浓度成正比，由此可对试样总碳（TC）和无机碳（IC）进行定量测定。总碳与无机碳的差值，即为总有机碳，TOC=TC−IC。

分析时按照相关标准和仪器操作规程操作，分析中应注意：

①在分析高浓度样品后，应进行纯水的空白实验，待空白值恢复到正常值后，再开始分析下一个样品；如果空白无法恢复到正常值，则应进行系统清洗，必要时更换试剂或进样系统的管线。

②分析使用无二氧化碳水。无二氧化碳水制备方法：将超纯水在烧杯中煮沸蒸发（蒸发量 10%），冷却后备用，应使用前现制，并经检验 TOC 质量浓度不超过 0.5 mg/L。

③由于分析前不知道水样的 TOC 浓度范围，容易造成分析数值落在标准曲线外，可以根据该水样的日常监测值（如 COD 等）来预判其 TOC 可能的落值范围，进而选取更精准的曲线来进行分析。

④由于分析过程中会产生氧化尾气，建议分析在通风橱中进行，若没有该条件，则氧化尾气应通过集气罩统一收集处理；分析产生的废水，包含了部分分析样液以及分析过程中加入的酸剂等，废水要统一收集处理，不能直接从实验室的水网进行排放。

⑤高浓度的水样，需稀释至仪器的测定范围后进行分析；带有自动稀释功能的分析仪器，不同的仪器对稀释比的要求不同，分析过程中注意控制稀释比不超过仪器给定的范围；手动稀释应在分析前一刻进行，稀释过程中，为了减少 VOCs 的挥发损失，应使用洁净干燥的移液管，移取水样时不再进行润洗，并将水样迅速加入已经注入一半无二

氧化碳纯水的容量瓶中，加水至刻线后立即盖上瓶盖。

8.5.6 分析中的质量控制

VOCs 的分析，严格按照相关标准和分析仪器的操作规程规范操作，是确保分析结果准确的前提，同时通过对校准曲线、空白值的测定、质量控制样品进行测定等，及时发现分析中存在的问题，保证分析结果的可靠性和可比性。

①空白实验。

高浓度样品分析后，应进行空白样品的分析，在空白样品测定值低于方法检出限后，进行下一样品的分析，否则，应查找原因。

经过老化后或新购置的吸附管，每批应随机抽取至少一支吸附管进行空白实验，空白值应低于方法检出限，否则应将一批吸附管重新进行老化，直至空白值低于方法检出限。

新购置或重复使用的样品瓶、采样袋等，每批应随机抽取至少一个进行空白实验，空白值应低于方法检出限，否则应进行清洗，直至空白值低于方法检出限。

②气袋凝液的处理。

气体采样袋内如果有液滴凝结现象，可将气袋放入加热箱内，加热温度一般不超过 120℃，使液滴全部气化，并在气袋中混合均匀后尽快分析。

③校准曲线的准确度确认。

样品测定值应在分析方法及校准曲线的测定范围内，并在每批样品测定前，测定校准曲线中间浓度点的标准样品。测定挥发性有机物真实物质的浓度时，测定值与校准曲线对应值的相对偏差应≤20%；测定非甲烷总烃或 TOC 时，测定值与校准曲线对应值的相对偏差应≤10%。

④质量控制样品分析。

每批样品应分析如下质量控制样品：

a. 全程序空白值测定，目标物浓度应低于方法检出限；

b. 至少进行一组平行样测定，真实物质浓度测定的相对偏差应小于 20%，非甲烷总烃和 TOC 测定的相对偏差应小于 10%；

如果可行，分析 1 个基体加标样，加标回收率应在 80%～120%。

⑤异常数据的处理。

样品测定中发现异常数据时，应先检查样品和分析操作过程，避免误操作导致的异常情况；可进行空白值和标准样品的测定，以确定是否是仪器或试剂等出现了问题；确认分析操作和仪器无误后，应重新采集样品进行分析。

8.6 监测记录和报告

记录是为取得的监测结果或所完成的监测活动提供证据的文件，应客观、准确地记录有关检测活动。

①采样和监测的相关记录应收集整理，随监测报告一起存档，这些原始资料应妥善保存，便于查询追溯。

②采样记录应注明样品编号、采样者、日期、时间及地点等，同时，还应记录现场采样情况，包括采样目的、采样地点、样品种类、数量、样品保存方法、采样时的气候条件、采样点周围环境状况，以及样品的表观情况等。

③分析的原始记录，无论是电子记录还是纸面记录，应包括从样品的接收到出具检测报告过程中观察到的信息和原始数据，根据这些信息可以在最接近原来条件的情况下重复检测活动，并全程确保样品与记录和报告的对应性。原始记录至少应包含采样和分析日期、样品名称和唯一性编号、样品处理及进样方式、分析方法名称及标准号、分析仪器名称、编号及其主要参数、原始观察结果、数据、计算及分析结果（包括计量单位）、分析和审核人等。

④记录要清晰、明了、真实、齐全，字迹工整，实验记录不得随意删除、修改或增减数据，如必须修改，应确保可以追溯到前一个版本或原始观察结果。

⑤气相色谱等仪器工作站中的谱图等数据作为原始记录的一部分，可以电子文档形式保存在工作站的计算机系统中，或实验室 LIMS 系统中，这些资料应是 PDF 或其他不能编辑修改的文件格式，需要时能够方便地进行查阅核对，也可以打印出纸质文件附在原始记录后。

⑥原始记录中的原始的观察结果、数据和计算应在观察或获得时予以记录，并应按特定任务予以识别。经过同岗复核、技术人员审核，以确保原始观察结果的记录和转移、数据计算、结果报出等无误。

监测报告是检测机构的产品，应包括足够的信息，且数据准确可靠、文字清晰可辨、表达明确易懂、结论客观公正。并确保：

①监测报告应符合方法和合同中规定的要求。

②监测报告应包括客户要求的和说明检测结果必需的全部信息，至少应包括标题及唯一性标识、客户和监测单位的名称和地址、所采用的分析方法、采样和分析日期、样品状态描述、检测结果（包括其测量单位）、编制和审批人员签名等。

③报告的格式各实验室应统一进行设计，尽量减少产生误解或误用的可能性。

④监测分析报告应经过三级审核，并由授权签字人签发。

⑤监测报告如果盖 CMA 或 CNAS 的章，不在证书授权范围内的检测项目应注明。

参考文献

[1] 周学双，童莉，韩建华，等. 工业 VOCs 精细化环境管理的对策建议[J]. 环境保护，2014，1：41-43.

[2] 黄维秋. 油气回收基础理论及其应用[M]. 北京：中国石化出版社，2011.

[3] 李洁. VOC 废气处理的技术进展[A]//中国环境保护优秀论文集（2005）（下册）[C]. 2005.

[4] 大气污染物综合排放标准：GB 16297—1996[S].

[5] 张林，陈欢林，柴红. 挥发性有机物废气的膜法处理工艺研究进展[J]. 化工环保，2002，22（2）：75-80.

[6] Shen T T，SewellG H. Control of VOCs Emission from Waste Management Facilites[J]. Journal of Environmental Engineering，1988，114：1392.

[7] Chen Huanlin，Zhang Lin，Gao Congjie. Prospect of Membrane Separation Techingues for Removal of VOCs in China[A]//The Membrane Industry Association of China. 21 Century International Symposium on Membrane Technology and Environmental Protection[C]. Beijing：2000：290-296.

[8] Ohlorogge K，Brockmoller J，Wind J，et al. Engineering Aspects of the Plant Design to Separate Volatile Hydrocarbons by Vapor Permeation[J]. Separation Science and Technology，1993（28）：227-240.

[9] Bhaumik D，Majumdar S，Sirkar K K. Pilot-Plant and Laboratory Studies on Vapor Permeation Removal of VOCs from Waste Gas Using Silicone-coated Hollow Fibers[J]. Journal of Membrance Science，2000，167：107-122.

[10] Fouda A，Bai J，Zhang S G，et al. Membrane Separation of Low Volatile Organic Compounds by Pervaporation and Vapor Permeation[J]. Desalination，1993（90）：209-233.

[11] 童莉，郭森，崔积山，等. 美国炼油厂排放估算协议[M]. 北京：中国环境出版社，2015.

[12] 金熙，项成林，齐冬子. 工业水处理技术问答（第四版）[M]. 北京：化学工业出版社，2010.

[13] 张建华，刘丽娜，等. 炼油循环水水冷器泄漏的危害与排查方法[J]. 中国技术博览，2011（30）.

[14] 国家环境保护总局. 空气和废气监测分析方法（第四版）[M]. 北京：中国环境科学出版社，2003.

[15] 张洪山，张树华. 原油取样检验中的问题及处理措施[J]. 油气储运，2009，28（12）：75-79.

[16] 石油炼制工业污染物排放标准：GB 31570—2015[S].

[17] 石油化学工业污染物排放标准：GB 31571—2015[S].

[18] 挥发性有机物无组织排放控制标准：GB 37822—2019[S].

[19] 制药工业大气污染物排放标准：GB 37823—2019[S].

[20] API Bull 2514A. Atmospheric hydrocarbon emissions from marine vessel transfer operations[R]. 2nd ed. 1981. USA：API，2001（Rcaffirmed）.

[21] 秦涛，李丽明，王信梧，等. 典型工业城市夏季 VOCs 污染特征及反应活性[J]. 环境科学，2022（6）：1-15.

[22] 肖致美，徐虹，高璟赟，等. 天津市 $PM_{2.5}$-O_3 复合污染特征及来源分析[J]. 环境科学，2022，43（3）：1140-1150.

[23] 王海林，杨涛，聂磊，等. 汽修行业挥发性有机物排放与控制现状及对策[J]. 环境科学，2021，42（12）：5574-5584.

[24] 高美平，王海林，刘文文，等. 我国水性建筑涂料 VOCs 排放特征及其环境影响[J]. 环境科学，2021，42（12）：5698-5712.

[25] 刘锐源，钟美芳，赵晓雅，等. 2011—2019 年中国工业源挥发性有机物排放特征[J]. 环境科学，2021，42（11）：5169-5179.

[26] Atkinson R. Atmospheric chemistry of VOCs and NO_x[J]. Atmospheric Environment，2000，34（12-14）：2063-2101.

[27] 王赫婧，沙莎，庄思源，等. 第二次全国污染源普查工业污染源挥发性有机物产污系数及排放量核算方法建立[J]. 环境保护，2020，48（18）：18-23.

[28] 王赫婧，沙莎，闵健，等. 《固体废物处置污染物排放研究》简介[J]. 环境影响评价，2019，41（3）：35.

[29] 黄敏超. 石化企业污水处理系统挥发性有机物闪爆风险研究[D]. 青岛：中国石油大学（华东），2017.

[30] Jardim W F， Alberici R M . Photocatalytic destruction of VOCs in the gas-phase using titanium dioxide[J]. Applied Catalysis B：Environmental，1997，14（1）：55-68.

[31] Mania D J，Bruck，et al. Sources of error in VOC determination via EPA method 24[J]. The Journal of Coatings Technology，2001，8（11）：111-117.

[32] Brandt A，Adelt F，Schulz T，et al. Ozone relevant VOC emissions from small consumers and from chemistry product application in private households in North Rhine-Westphalia[J]. Gefahrstoffe Reinhaltung Der Luft，2000，60（11）：453-457.

[33] 袁小敏. 我国石化行业的环保现状及治理技术[J]. 化工设计通讯，2021，47（4）：163-164.

[34] 曾春玲，邵霞，刘锐源，等. 广东省家具行业基于涂料类型的 VOCs 排放特征及其环境影响[J]. 环境科学，2021，42（10）：4641-4649.

[35] 刘涛. 炼化企业循环水系统 VOCs 核算及溯源方法研究[D]. 青岛：中国石油大学（华东），2017.

[36] 黄敏超，方艺珊，赵东风，等. 石化企业循环水系统 VOCs 监测核算研究[J]. 当代化工，2017，46

（2）：326-329.

[37] 黄敏超，赵东风，韩丰磊，等. 石化企业污水处理系统挥发性有机物检测研究[J]. 当代化工，2016，45（10）：2387-2390.

[38] 何少林，陈辉，于景琦，等. 石化行业挥发性有机物在线监测现状及对策建议[J]. 油气田环境保护，2020，30（6）：55-58，69.

[39] 孟博文，李永波，孟晶，等. 我国经济快速发展区工业 VOCs 排放特征及管控对策[J]. 环境科学，2021，42（3）：1023-1038.

[40] 第二次全国污染源普查公报[J]. 环境保护，2020，48（18）：8-10.

[41] 黄敏超，蔡梅，沙莎，等. 石化行业废水收集及处理系统 VOCs 核算方法研究[J]. 石油化工安全环保技术，2022，38（4）：61-64，8.

[42] 张甜甜，柯国洲，陈志平，等. 石化行业废气中挥发性有机污染物的调查[J]. 环境工程，2016，34（11）：76-79.

[43] 管磊，信硕. 石化行业污水处理技术研究[J]. 化学工程与装备，2016（4）：259-260.

[44] Reilly S . EPA retains VOC-testing scheme[J]. Greenwire，2016（AUG. 30）：1-3.

[45] Taylor V. EPA mandates VOC controls at Mid Pac Petroleum Hawaii facility[J]. Oil Express，2016，39（36）：6.

[46] 杨一鸣，崔积山，戴伟平，等. 挥发性有机物管控体系研究[M]. 北京：中国环境出版社，2016.

[47] 童莉，郭森，崔积山，等. 美国炼油厂排放估算协议[M]. 北京：中国环境出版社，2015.

[48] 周学双，崔书红，童莉，等. 石化化工企业挥发性有机物污染源排查及估算方法研究与实践[M]. 北京：中国环境出版社，2015.

[49] 生态环境部大气环境司，生态环境部环境规划院. 挥发性有机物治理使用手册[M]. 北京：中国环境出版集团，2020.

[50] 生态环境部大气环境司，生态环境部环境规划院. 挥发性有机物治理使用手册[M]. 2 版. 北京：中国环境出版集团，2021.

附　录

附录 1　设备密封点排查表

设备密封点排查内容见附表 1-1 至附表 1-3。

附表 1-1　密封点检测台账

作业部/厂	装置	区域	平台（层）	PID 图号	设备位号/管线号	附加描述（位置/工艺描述）	密封群组编码	扩展号	密封点类型	公称直径/mm	主要介质	介质状态	TOC 含量/%	甲烷含量/%	VOCs 含量/%	是否豁免	豁免原因	是否可达	是否保温	生产厂家	设备管线材质	密封材质	投用日期	操作温度	操作压力	年运行时间/h	未检测原因	净检测值（扣背景）/10^{-6}	检测日期	检测人	复测值	复测时间

附表 1-2 企业 LDAR 合规性检查

企业全称			
加工能力	10^4 t/a	年产能	10^4 t/a
涉 VOCs 装置套数		豁免装置套数	
检查项目	检查结果	依据	备注
LDAR 进度	□全部开展	□所有涉 VOCs 装置已完成第一轮 LDAR，完成排放量核算； □所有涉 VOCs 装置已完成第__轮 LDAR，完成排放量核算	
	□部分开展	□部分 VOCs 装置已建立密封台账 □部分 VOCs 装置完成检测 □部分 VOCs 装置完成修复 □部分 VOCs 装置完成排放量核算	可以多选
	□未开展	□尚无计划 □有计划，尚未开展	

附表 1-3 装置 LDAR 合规性检查

装置名称			
装置加工能力	10^4 t/a	装置年产能	10^4 t/a
涉 VOCs 密封点数			
检查项目	检查结果	依据	备注
LDAR 进度	□全部完成	□所有涉 VOCs 密封点 LDAR 项目； □已完成排放量计算	
	□部分开展	□已完成密封点检测台账建立 □已完成现场检测，未完成修复	
	□未开展	□尚无计划 □计划 2015 年 6 月 30 日前开展 □计划 2015 年 12 月 31 日前开展	
LDAR 制度建设	□有	□已建立 LDAR 相关质量管理手册 □已建立 LDAR 相关程序文件 □已建立 LDAR 相关作业文件	
	□无	□正在建立 LDAR 相关文件 □尚无计划建立 LDAR 相关文件	
LDAR 的 QA/QC	□实施	□仪器经过检定且在有效期内 □仪器经过校准和漂移核查 □有校准气体且在有效期内	
	□未实施	□仪器未经检定 □仪器未经校准和漂移核查 □无校准气体	

排放量核算	□已完成	□相关方程法 □筛选范围法 □平均排放系数法 □上述方法组合	
	□未完成	□数据不全 □尚未开展排放量核算	

附录 2 设备维修常见方法

1．泵轴封泄漏维修

泵轴封常见泄漏与处理方式见附表 2-1。

附表 2-1 泵轴常见泄漏维修方法

故障现象	故障原因	处理方法
进料或静压时泄漏	密封端面损坏	修理或更换动静环
	密封圈损坏	更换损坏的密封圈
	动静环端面有异物	清理密封腔体，去除异物；检查密封面是否损伤，若损伤则更换
	动、静环“V”形圈方向装反	按正确方向重新装配
	动、静环密封面未完全贴合	重新安装
	弹簧力不均	更换弹簧
	密封端面与轴的垂直度不符合要求	调整
运转时经常性泄漏	端面比压过大引起的密封端面变形	减小压缩量
	摩擦热引起动、静环变形	保证封液充足，密封辅助系统畅通
	摩擦副磨损	修理或更换动、静环
	弹簧比压过小或封液压力不足	增加端面比压
	密封圈老化、溶胀	更换密封圈
	有方向性要求的弹簧其旋向不对	更换弹簧
	动、静环与轴或轴套间结垢或结晶，影响补偿密封面磨损	清理
	安装密封圈处的轴或轴套配合面有划伤	清理或更换划伤设备
运转时周期性泄漏	转子组件轴向窜动量过大	调整，使轴向窜量符合要求，重新找正
	联轴节找正不好，造成周期性振动	检查清洗叶轮
	转子不平衡	叶轮及转子进行静、动平衡
运转时突发性泄漏	弹簧断裂	更换弹簧
	防转销脱落	重新装配
	封液不足，密封件损坏	检查封液系统，更换密封件
	因结晶导致密封面损坏	更换密封件，调整工艺
停用一段时间再开动时发生泄漏	端面比压过大，石墨环损坏	减小比压，更换石墨环
	弹簧锈蚀	更换弹簧
	弹簧卡死	清洗或更换弹簧
	介质在摩擦副附近凝固或结晶	检修

2．阀门泄漏维修

阀门阀杆与填料压盖或压板之间泄漏的修复，通常可以通过适当扭紧压盖或压板螺栓上的螺母消除泄漏。采用压盖直接压紧填料的阀门，需要注意两侧螺母应平衡扭紧。在上紧螺母的同时，应监测泄漏点，直到净检测值低于泄漏定义浓度。对于通过扭紧螺母无法消除泄漏的阀门，则需要退出阀门上下游物料，打开阀门填料压盖或压板（取出压套），检查并更换阀门填料或阀杆。

3．法兰、连接件泄漏维修

法兰泄漏维修，首先应对称逐步扭紧螺栓螺母，同时检测泄漏点，直到净检测值低于泄漏定义浓度。通过扭紧螺栓螺母，无法消除泄漏，则需要退出法兰上下游物料，更换垫片。连接件泄漏维修，首先应适当扭紧螺帽。通过扭紧螺母，无法消除泄漏，则需要退出连接件上下游物料，在确保螺纹无损的前提下，重新缠绕密封生料带或涂抹密封胶，将螺母上紧。在扭转螺母过程中，软管不应联动而使螺母受到反向扭矩。

4．开口管线泄漏维修

开口管线泄漏，首先应检查末端阀门是否关紧。在阀门关紧情况下，泄漏依然存在，则可以通过加装一道阀门或根据阀门、管线的末端实际状况安装盲板或丝堵。

5．泄压设备（安全阀）泄漏维修

泄压设备（安全阀）泄漏维修，应切换到备用泄压设备（安全阀），检查整定压力、实际工况压力是否符合相关设计规范要求。拆下有问题的泄压设备，应由具有相关资质的机构检查、维修并重新设定整定压力。

附录 3 敞开液面 VOCs 排查表

敞开液面 VOCs 排查内容见附表 3-1 至附表 3-5。其中采用实测法核算的排查内容见附表 3-1，采用物料衡算法核算的排查内容见附表 3-2，采用模型计算法核算的排查内容见附表 3-3，采用排放系数法核算的排查内容见附表 3-4。

附表 3-1 企业废水 VOCs 处理设施排放量核算

序号	废气处理设施名称	废气收集范围	废气排放量（标态）/（m^3/h）	处理前挥发性有机物浓度平均值/（mg/L）	排气筒出口挥发性有机物浓度平均值/（mg/L）	处理效率/%	VOCs 排放量	备注
1								
2								
3								
…								
总计								

附表 3-2 企业废水收集处理系统 VOCs 排放量核算

收集处理系统				流量/（m^3/h）	POC/（mg/L）	VOCs 排放量/（t/a）	备注
收集系统	集水区域 1	收集支线 1	收集井（始）				
		收集支线 2	收集井（始）				
		……					
		收集支线 *n*	收集井（始）				
		区域 2 集水井	集水井（出）				
	集水区域 2	收集支线 1	收集井（始）				
		收集支线 2	收集井（始）				
		……					
		收集支线 *n*	收集井（始）				
		区域 2 集水井	集水井（出）				
	……						
处理系统	隔油池		进口				
			出口				
	气浮池		进口				
			出口				
	澄清池		进口				
			出口				
	污泥池		进口				
			出口				
	……						
总计							

附表 3-3 企业废水处理系统 VOCs 排放量 Water 9 软件估算参数调查[a]

处理系统构筑物	构筑物参数				废水处理系统进水污染物浓度						
	构筑物长×宽×有效水深/m^3	构筑物池数/个	设备机械功率与转数	曝气量/（m^3/s）	流量/（m^3/h）	水温/℃	TDS/（mg/L）	TSS/（mg/L）	总有机碳/（mg/L）	石油类/（mg/L）	COD/（mg/L）
隔油池											
气浮池											
生化池											
澄清池											
污泥池											
……											

废水处理系统总进水 VOCs 种类及其浓度

序号	1	2	3	4	5	6	7	8	9	10	11	……
物质名称												
浓度/（mg/L）												

Water 9 估算结果

	收集系统				处理系统						总计
构筑物名称	集水区域1	集水区域2	……	集水区域n	隔油池	气浮池	生化池	澄清池	污泥池	……	
VOCs 排放量/（t/a）											

注：[a] 废水收集系统及处理系统其他参数请参照 Water 9 软件具体要求。

附表 3-4 企业废水收集和处理系统 VOCs 排放量核算

序号	废水设施名称	流量/（m^3/h）	排放系数/（kg/m^3）	VOCs 排放量/（t/a）	备注
1					
2					
3					
…					
总计					

附表 3-5 废水处理过程合规性检查

检查项目	检查内容	检查结果	达标判定依据
收集系统	密闭收集处理措施	达标□	在收集过程中，采取有效的密闭收集处理措施
		不达标□	在收集过程中，未采取有效的密闭收集处理措施
隔油、浮选		达标□	在隔油、浮选过程中，采取有效的密闭收集处理措施
		不达标□	在隔油、浮选过程中，未采取有效的密闭收集处理措施
生化系统		达标□	在生化过程中，采取有效的密闭收集处理措施
		不达标□	在生化过程中，未采取有效的密闭收集处理措施
废气收集处理	运行维护	达标□	采用废气处理措施，并有效、稳定运行
		不达标□	采用废气处理措施，运行效果差，排放不达标

附录 4　循环水冷却系统排查表

循环水冷却系统排查内容见附表 4-1 至附表 4-4。

附表 4-1　基于汽提废气监测法估算 VOCs 排放量所需数据

项目	内容	项目	内容
循环水场名称		汽提空气流量/（m^3/h）	
服务范围		水循环流量/（m^3/h）	
冷却塔类型		冷却塔汽提空气出口 VOCs 浓度/（μL/L）	
规模/（m^3/h）		冷却水密度/（kg/m^3）	
操作温度/℃		监测方法	
操作压力/Pa		监测日期	
运行时间/h			

附表 4-2　基于 VOCs 检测的物料衡算法估算物排放量需要的数据

项目	内容	项目	内容
循环水场名称		冷却塔入口水中 VOCs 浓度/（mg/kg）	
服务范围		冷却塔出口水中 VOCs 浓度/（mg/kg）	
冷却塔类型		冷却水密度/（kg/m^3）	
规模/（m^3/h）		监测方法	
运行时间/h		监测日期	

附表 4-3　基于 TOC 检测的物料衡算法估算排放量需要的数据

项目	内容	项目	内容
循环水场名称		冷却塔入口水中 TOC/（mg/L）	
服务范围		冷却塔出口水中 TOC/（mg/L）	
冷却塔类型		监测方法	
规模/（m^3/h）		监测日期	
运行时间/h			

附表 4-4　基于排放系数法估算 VOC 排放量需要的数据

项目	内容	项目	内容
循环水场名称		规模/（m^3/h）	
服务范围		运行时间/h	
冷却塔类型		监测日期	

附录 5 涉 VOCs 固体物料堆存排查表

涉 VOCs 固体物料堆存排查内容见附表 5-1 至附表 5-2。

附表 5-1 基于实测法计算 VOC 排放量需要的数据

固体物料名称	固体物料类型	产生/堆存量/（t/a）	固体物料 VOCs 实测浓度/（mg/kg）

附表 5-2 基于排放系数法估算 VOC 排放量需要的数据

固体物料名称	固体物料类型	产生/使用量/（t/a）	堆存方式	固体物料最终去向	是否有尾气末端治理设施	废气末端治理设施名称